Seis libros de siete amigos y maestros

Emilio Cervantes

Contenido

Presentación 5

Remedios para la frustración 7

Para vencer gigantes 15

La biblioteca como laboratorio 21

El viaje al sol de Manuel Martínez de la Escalera 35

La máquina del tiempo de la doctora Carabias 53

Jardinero del lenguaje 63

Presentación

A lo largo de los años he tenido la suerte de encontrar, entre mis lecturas, algunos libros que tenían algo que decir. No sólo leerlos mereció la pena, sino que deben tenerse presentes tanto por la originalidad y valentía de sus planteamientos como por su visión general, interdisciplinar. De su lectura surgen cada vez nuevas preguntas. Estos libros no han sido muchos y, por lo general, no son obras muy conocidas ni -mucho menos- superventas. Los autores han puesto gran empeño en su difusión y para ello han llevado a cabo distintas presentaciones, conferencias, video-conferencias y múltiples programas de radio, sin tener nunca el apoyo de las campañas de divulgación y difusión propias de las grandes editoriales. Todos ellos son amigos con los que he tenido la gran suerte de compartir experiencias variadas, pero además, son también maestros. De la lectura de sus libros ha surgido un diálogo que todavía está abierto, vivo.

Cada uno de los seis libros de los que tratan estos comentarios se dedica a una cuestión diferente: la evolución, el alcohol, la obra del filósofo francés Michel Foucault, la del naturalista español Manuel Martínez de la Escalera, la contribución de la Universidad de Salamanca al Calendario Gregoriano y una visión general y personal de la Filosofía del Conocimiento. A medida que los iba leyendo tenía con cada uno de ellos la misma sensación que con los demás: sus contenidos están vivos y por lo tanto merecen más atención que una simple lectura. Los comentarios se escribieron en su día con la intención de mantener sus contenidos vivos, echar leña al fuego. Algunos se publicaron en revistas y otros fueron rechazados, otros los publiqué en el blog Biología y Pensamiento o en Digital CSIC. Años después he vuelto a leer los comentarios y veo que en todos ellos hay algo en común, algo que vuelve a reclamar la atención. Cada uno de los libros aquí comentados contiene ideas originales que todavía pueden ser expresadas de distintas formas. Cada uno de estos libros espera nuevas lecturas con la promesa de que dará lugar a originales y fructíferas preguntas. Todos ellos tienen algo en común: están escritos con una vocación decidida y superando toda división entre disciplinas del conocimiento.

La moraleja es sencilla: no hay que buscar el éxito propio ni fiarse del ajeno. Cuando una idea es importante encontrará siempre resistencias pero acabará saliendo adelante. Las preguntas son más importantes que las respuestas. Las páginas siguientes contienen algunos ejemplos.

Remedios para la frustración

Comentario del libro Pensando la Evolución, Pensando la Vida. Máximo Sandín. Ediciones Crimentales. Murcia, 2006. 2ª edición en CAUAC Editorial Nativa. Murcia, 2010.

Ser humano significa, entre otras cosas, entender y describir verbalmente, tal vez hasta poder explicar, algo acerca del mundo y de la vida; pero, lamentablemente, ese algo siempre es parcial, y por lo tanto ser humano, significa entre otras cosas, frustración. Siempre ha habido y habrá frustración abundante para la humanidad, porque será siempre una explicación parcial de las cosas la que esté a nuestro alcance, mientras que, desearíamos saber más. En el caso de quien, por ventura o desventura, por afición o profesión, se dedique a la Ciencia, la frustración viene asegurada y vinculada a nuestra actividad, como algo intrínseco e inseparable, porque nuestro trabajo consiste en buscar este tipo de explicaciones acerca del mundo y de la vida y, al parecer, hay en ambos, la vida y el mundo, algo así como una fuerza indescriptible que hace aumentar nuestra frustración al aumentar nuestro empeño por explicar sus cosas.

Los remedios al alcance de nuestra mano para aliviar esta situación de pesadumbre son varios. Uno, fundamental, por ejemplo, es el cultivo del sentido del humor. Hay que tener en cuenta que todo tiene un lado cómico. Otro, puede ser la humildad. Pero, equipada con esas dos viejas ruedas, humildad y sentido del humor, la bicicleta de uno no llega muy lejos en estos tiempos. Por eso hay que trabajar también un tercer remedio, que es quizás, por el que yo siempre apostaría, que consiste en no resignarse y pelear. Para mí, el acto fundamental que define al ser humano en su lucha contra la frustración, más allá del humor y de la humildad, es un acto de rebeldía y consiste en la capacidad de poder, en cualquier momento, enfrentarse con los planteamientos dados y plantar cara a cualquier situación. Me gustaría llamar a este remedio fe, pero no lo haré de momento, y lo llamaré convicción. La convicción es el más importante remedio contra la frustración y sólo cuando falla hay que recurrir ineludiblemente a los otros dos. Lo explico en lo que sigue. Para empezar, con un ejemplo, y ya luego hablamos directamente del libro.

El ejemplo es el del filósofo Friedrich Nietzsche. La edición de su libro "El crepúsculo de los ídolos" que yo ahora tengo delante es la de Biblioteca Edaf y Agustín Izquierdo comienza su prólogo de manera intensa y emotiva. Dice:

> *En el último periodo de su vida lúcida, Nietzsche resume su lucha contra las falsas concepciones que conforman la tradición de la filosofía, la moral y la religión de Occidente. Para llevar a cabo tal ataque, el filósofo decide auscultar todos los ídolos que han aparecido a lo largo de toda esa tradición como los valores supremos que guían y regulan un tipo de comportamiento que se corresponde con un tipo de vida.*
>
> *Esos ídolos, cuando se les toca con el martillo, suenan a hueco, no son nada más que fuegos fatuos que el propio hombre ha introducido en la realidad y que se desvanecen ante la sola mirada atenta de quien los contempla con fijeza y sensatez. El crepúsculo de los ídolos es el ocaso de los grandes valores eternos que han dominado una civilización y un modo de vida, un ocaso que tal vez preceda a una aurora llena de promesas, a una transvaloración de todos los valores.*

Y es que, cuando uno ve a su alrededor cosas que no parecen ser como debieran, puede, lícitamente, molestarse en analizarlas y describirlas con cuidado. Para ello, el mejor punto de partida es un convencimiento personal que nos llevará por caminos absolutamente inesperados. Así podemos arrinconar la frustración, que volverá a caer sobre nosotros en el momento en que falle uno de estos tres pilares: humor, humildad, convicción.

El libro que voy comentando, titulado "Pensando la Evolución, Pensando la Vida" contiene la recopilación de ocho artículos publicados en diversas revistas del ámbito científico, entre 1995 y 2005, por Máximo Sandín, profesor de Bioantropología, perteneciente al Departamento de Biología de la Universidad Autónoma de Madrid. Además, una breve y atinada presentación del autor en poco más de cuatro páginas y un oportuno prólogo en seis de Mauricio Abdalla, profesor de Filosofía de las Ciencias en la Universidad Federal del Espíritu Santo, en Brasil. Los ocho artículos que siguen a la presentación y al prólogo ocupan un total de 346 páginas seguidas de otras treinta y cinco de bibliografía. Como, tanto los artículos como su presentación y el prólogo, transcienden el puro interés científico e interesan a un colectivo de lectores más amplio, la publicación de su conjunto en un libro es muy acertada. El resultado es una valiosa fuente de información sobre aspectos de la reciente Historia de la Biología, que rara vez son presentados, como aquí, en un contexto generalista, histórico. Explicaré, en lo que sigue, algunos motivos para leer el libro e instrucciones para su uso, con la idea de que, acercarse a él y sobre todo, mantenerlo cerca, puede ser interesante en unos momentos en que el cambio en Biología está anunciándose (Goldenfeld and Woese 2007). Concretando:

1. El libro expresa unas ideas e intenciones mantenidas a lo largo de la trayectoria de su autor y, muy claras. Intenta hacer un análisis completo; se dirige a una comprensión global de la Biología. Si uno comienza a leer, ya en

los dos primeros párrafos de la página 7 sus intenciones están bien descritas. Aquí copio unas líneas de la página 8:

> *El estudio científico de la evolución no está sólo encaminado a saber "cómo ha sido". Comprender esto nos debe permitir explicarnos los fenómenos de la Naturaleza en la actualidad, el papel que tienen las distintas formas de vida en las relaciones entre sí y con su entorno, tanto en sus actividades normales como en las alteraciones de estas como pueden ser los desequilibrios ecológicos o las enfermedades. Es decir, nos debe hacer posible construir una base teórica científica para la Biología que haga posible entender y, en su caso, afrontar, los fenómenos (y los graves problemas) actuales.*

Un poco más adelante, el autor deja claro su descontento con la actual base teórica de la Biología, fundada en gran medida sobre el darwinismo y, sobre todo, el neo-darwinismo. Argumentos más completos y de mayor extensión se encuentran a lo largo del libro, en particular en el primer capítulo (Una nueva Biología para una nueva sociedad. Ver p. 39: La hipocresía como doctrina científica; p. 42 y siguientes).

Es decir, la Biología, al igual que los seres vivos, no puede aislarse de su entorno. Por ejemplo, copio de la p 115:

> *En efecto, aunque el inevitable reduccionismo conduce a estudiar a los seres vivos, o aspectos parciales de estos, como si fueran entidades independientes, parece claro que el concepto de "organismo independiente" tiene, en la naturaleza, poca entidad real. Los seres vivos se auto-organizan (es decir, solo pueden existir) mediante intensos cambios con su entorno que, a su vez,*

está organizado como un ecosistema dinámico y complejamente interrelacionado. El conjunto de ecosistemas también conforma un sistema de formas vivas y no vivas de distintos niveles entre los que existen conexiones e interdependencias. "

Y más adelante (p 165):   *Al igual que para la Ecología, para la Física la realidad es la totalidad.*

2. La Biología se encuentra en un momento crítico. A lo largo de décadas, ha protagonizado descubrimientos notables que han originado cambios en nuestra manera de ver el mundo y que también han contribuido a cambiar el comportamiento humano en general participando en la nueva estructura social. Hoy no se puede pretender entender bien el alcance y significado del conocimiento en Biología fuera de un contexto social y económico. En muchos de los capítulos se destacan estos aspectos que son muy importantes pero que no suelen ser habituales en los libros de Biología. El prólogo deja muy claro este punto. Es una satisfacción ver que en un libro de Biología el prólogo está escrito por un filósofo de la Ciencia.

3. El libro contiene textos escritos a lo largo de varios años con un punto de vista independiente y crítico. Minuciosamente a veces, son analizados aspectos de la Evolución o en general de la Biología que, por estar relacionados con la Historia, tal vez podría parecer al lector ingenuo que se alejan de la Biología, pero si así fuese, el lector debería despertar de su letargo y saber que la Biología pertenece a la Historia si no quiere ver pronto como la vida misma puede pertenecer a la Historia. El libro contiene abundantes textos críticos con el abuso de los argumentos darwinistas y neo-darwinistas, con la Genética de Poblaciones y en general con aspectos de la Biología que a menudo son objeto de confusas polémicas, pero sólo raras veces franca y abiertamente discutidos. En un panorama científico

globalizado en el que no abundan las opiniones críticas e independientes, este libro es un buen remedio para la frustración, porque invita, como su título dice, a pensar de forma independiente y crítica, dejándose uno llevar por eso que he llamado arriba convicción. "El crepúsculo de los ídolos", de Nietzsche, se relaciona con este libro por algún extraño y remoto parentesco que alguien, biólogo, genético o crítico literario de mente sagaz, tendrá que resolver un día. En su capítulo titulado "Incursiones de un intempestivo" (pp. 122-123), Nietzsche opinaba así acerca del darwinismo:

> *Anti-Darwin. En lo que respecta a la famosa "lucha por la vida", me parece que de momento está más afirmada que demostrada. Se da, pero como excepción; el aspecto global de la vida no es el del estado de necesidad, el de la hambruna, sino más bien el de la riqueza, el de la exuberancia, incluso el del absurdo derroche: donde se lucha, se lucha por poder... no se debe confundir a Malthus con la naturaleza. Ahora bien, suponiendo que exista - y en verdad, se da- esa lucha transcurre, por desgracia, de modo inverso al deseado por la escuela de Darwin, al que quizá sería lícito desear con dicha escuela: a saber, en contra de los fuertes, de los privilegiados, de las excepciones felices. Las especies no crecen en perfección: Los débiles se enseñorean siempre de los fuertes, y esto es porque son el mayor número y también porque son más listos...Darwin se ha olvidado del espíritu (qué inglés es esto!), los débiles tienen más espíritu... Hay que necesitar espíritu para obtener espíritu, y se pierde cuando ya no se necesita. Quien tiene la fuerza se desprende del espíritu...*

Antes de terminar daré otros dos argumentos en favor del libro. Uno, pesado y el otro ligero. El pesado, porque el lenguaje es muy importante y acompaña ineludiblemente a una mentalidad y una manera de ver el mundo. Así, uno se cansa de tantas publicaciones sobre Biología escritas en el idioma inglés a la vez que acusa la ausencia de libros de Biología en español, escritos con un criterio propio y no puramente traduciendo o remedando el criterio de otros. El otro argumento, ligero, es el precio del libro realizado en una edición de bajo coste y asequible.

Finalmente, un detalle anecdótico pero no menos importante. La editorial, Ediciones Crimentales, es fruto del decidido apoyo de un alumno del autor para ver difundidas sus ideas. Un proyecto arriesgado que personalmente apoyo, porque demuestra tan bien como el propio texto esa convicción de la que hablaba arriba y que tanto admiro y que, como decía, es el mejor remedio para la frustración, porque me hubiese gustado tener profesores como el autor de este libro y alumnos como su editor, ejemplares notables los tres, autor, editor y libro, que, lamentablemente, no abundan en los panoramas universitarios y editoriales del momento, pero no porque no tengan nada que decir, sino más bien por el motivo contrario, tal vez porque como dijo Nietzsche, quien tiene la fuerza se desprende del espíritu.

Referencias

GOLDENFELD N AND WOESE C. Biology's next revolution. Nature 445, 369. 2007.

NIETZSCHE. El crepúsculo de los ídolos. Biblioteca EDAF. Madrid. 2002.

SANDÍN, M. Pensando la Evolución, pensando la vida. Ediciones Crimentales. Murcia, 2006. 2ª ed. CAUAC Editorial Nativa. Murcia, 2010.

Para vencer gigantes

Comentario del libro Alcohol y Cerebro. F. David Rodríguez García. Ediciones Absalón. Cádiz, 2010.

Un buen libro siempre nos pone en compromisos. Desafía nuestro conocimiento mostrando sus limitaciones y puede llevarnos a parar a los desolados terrenos del mito. En el preámbulo de éste, de inexcusable lectura se indica una intención, un objetivo (p 19):

> *Se pretende estimular la reflexión crítica y serena sobre el uso de un compuesto dañino que nos resulta tan familiar, tan próximo y tan accesible.*

Pero una vez cumplido con creces este objetivo, la lectura invita a buscar más allá y así en la contraportada leemos:

> *Se invita a los lectores a emprender un viaje de reflexión sosegada, despojada de prejuicios, permisividad o culpabilidad. La información, la discusión, el diálogo y el esfuerzo conjunto son nuestros aliados.*

Que es casi igual pero no igual que la invitación anterior puesto que aquí se menciona además un viaje, un peculiar viaje que, además, debe de tener algo de contienda puesto que, al parecer, contamos con "aliados" ¿A dónde nos llevará David?

Creo que David, que tiene el nombre muy bien puesto, nos quiere llevar de viaje al valle de Terebinto, en el cual según indica El libro de los Reyes en la Biblia se enfrenta al gigante Goliat, quien toma distintas apariencias: la del alcohol o la de determinadas formas de la ciencia, por ejemplo. Porque además de un tratado completo sobre el alcohol, el libro "Alcohol y Cerebro" propone una nueva manera de hacer ciencia rompiendo viejos esquemas.

La Ciencia parte del interés por conocer el Mundo y descubrir sus misterios, es decir toma al Mundo por problema. Así vista, se relaciona con aquél principio que dice: Conócete a ti mismo, pues para conocerse uno a sí mismo ha de conocer también el mundo que lo rodea. Pero más importante y quizás anterior a este principio es otro que indica: Cuídate a ti mismo. Porque...¿Para qué ha de servir el conocimiento si no para cuidarse o el conocimiento del Mundo para cuidarlo?

La ciencia contemporánea que, como digo busca el conocimiento como fin, tiene sus fundamentos en el siglo diecisiete en la obra de Descartes, Galileo y Newton. Descartes en su Discurso del Método propone en el segundo de sus preceptos:

> *Dividir cada una de las cuestiones que examinare en cuantas partes fuere posible y en cuantas requiriese su mejor solución*

Pero, tal vez, pasa por alto el inconveniente que consiste en que al descomponerla para su análisis, la cuestión pasa a ser otra. De cuestión original a cuestión descompuesta. Así Lamarck en su *Philosophie Zoologique* indica:

> *El verdadero medio, en efecto, de llegar a conocer bien un objeto, hasta en sus más mínimos detalles, consiste en comenzar por considerarlo en su totalidad, examinando, por de pronto, ya su masa, ya su extensión, ya el conjunto de todas las partes que lo*

componen; por indagar cuál es su naturaleza y origen, cuáles son sus relaciones con los otros objetos conocidos; en una palabra, por considerarlo desde todos los puntos de vista que puedan ilustrarnos sobre las generalidades que le conciernen. (Introducción, p.19).

La idea de Descartes se impuso. La de Lamarck, no. La tendencia se ha mantenido hasta nuestros días dando lugar a una ciencia dividida en especialidades, pero hace ya algunos años que surgen voces y ejemplos a favor de lo que se llama ciencia generalista u holística, es decir, contraria al exceso de especialización.

En su libro titulado "Manual de Zoología Fantástica", Jorge Luis Borges habla de Chuang-Tzu, quien dice conocer a un hombre tan tenaz que al cabo de tres años había dominado el arte de matar dragones, pero que no tuvo ocasión de ponerlo en práctica. Como en otras ocasiones, Borges exagera, se burla del lector al que pone en situaciones absurdas e imposibles, y sumido en el desconcierto porque tales tesituras imposibles proceden ni más ni menos que del mundo real. Borges se está enfrentando con la posibilidad de un trabajar ajeno o distante del mundo real que en la ciencia tiene que ver con su especialización. Los planteamientos se encuentran alejados de los problemas originales que los suscitaron de manera que, a la larga, tendremos dificultades para resolverlos.

¿En qué destaca este libro? ¿Cuáles son sus claves?

Aunque existen varios libros relacionados con el alcohol, manuales, artículos en revistas especializadas o distintas publicaciones financiadas con ayudas de Ministerios empeñados en nuestra salud, no es fácil encontrar textos con una cobertura tan amplia de la cuestión. Dos son sus características personales: Su amplitud y la huella personal del autor.

El libro está elaborado cuidadosa y estratégicamente a base de montar una estructura sólida, amplia y completa en sus cimientos. Comienza por un preámbulo de lectura obligada. Los primeros capítulos son fundamentales para conocer el problema y contienen los principios de Bioquímica, Fisiología y Neurobiología que son necesarios para ello. Los intermedios desarrollan el contenido del problema (el alcohol daña al cerebro; cerebro, alcohol y genes; la investigación sobre el tema y su tratamiento). En los finales, interpretaciones, experiencias personales y conclusiones. No se ha de leer este libro obligatoriamente desde el principio hasta el fin, sino que cada lector puede con libertad buscar en él la información más necesaria o deseada. El libro va sirviendo de guía al lector por las complicadas rutas de la Bioquímica y las redes y estructuras del Sistema Nervioso y así aprenderemos por ejemplo que el alcohol es metabolizado a acetaldehído, un compuesto más tóxico, que su efecto es múltiple y que interviene directamente en la síntesis y actividad de diferentes neurotransmisores en centros de control del cerebro. Tan a menudo vinculado con la amistad, el alcohol ocupa lugares vitales en cuyas funciones interfiere. Su acción influye en los comportamientos y modela nuestros actos y puede llegar hasta someterlos a una auténtica esclavitud. Entender cómo el alcohol puede llegar a dominar nuestra intimidad ayuda sin duda a prevenir esta esclavitud que sin duda no es inocente ni es patrimonio exclusivo del alcohol. Porque (p 200):

> *Los tejemanejes, por su parte, conducen a la confusión; la confusión corroe y mutila el criterio; la ausencia de criterio esclaviza.*

En éste libro, David hace honor a su nombre y se enfrenta a la enorme tarea de explicar en qué consiste la tensa relación entre el cerebro y el alcohol. Cuenta para ello con una formación médica y una sólida experiencia en bioquímica, pero sobre todo con la decidida vocación docente y humanista de quien juega con las cartas boca arriba y se complace en revelar sus claves. Se explica en la página 53:

> *Naturalmente la ciencia avanza y hoy conocemos más detalles de cómo funciona el cerebro que a principios del siglo XX. No obstante, la humildad y la prudencia deben acompañar la mente sedienta de conocimiento.*

Estas poderosas armas, humildad y prudencia, son tan propias del médico como del docente y exponentes visibles de esa característica principal en ellos que unos llamarían capacidad de ayudar y otros, más llanamente, bondad. Con ellas se ha adentrado el autor por los complejos caminos del alcoholismo. Difiere este tratado de otros al uso publicados en revistas especializadas o financiados con ayudas de Ministerios empeñados en nuestra salud, como digo tanto por su comprensión como por la huella personal que, a lo largo de sus páginas, va dejando su autor.

En una imagen memorable (p 225), nos habla de la actriz turca Cahide Sonku quien "al volver de las tabernas se pasaba las madrugadas insomne, llorando de pena al ver a la pobre desconocida ojerosa y despeinada que se reflejaba en su espejo", buscándose como en un vano intento por conocerse que no puede suplantar al cuidarse.

El tortuoso camino que nos lleva todos los días al valle de Terebinto arranca aquí en Lario, un pueblecito cercano al Pantano de Riaño, en la montaña de León; para algunos pasa por Salamanca y sabemos que ha de durar muchos años, más no por ello hemos de apresurarnos. Para recorrerlo sólo hace falta tener la valentía que surge automáticamente cuando uno percibe que es de naturaleza frágil e imperfecta. En definitiva que uno es humano y el objetivo final no ha de ser conocerse sino más allá de ello, cuidarse.

Referencias

DESCARTES, R. Discurso del Método / Meditaciones metafísicas: Edición y traducción de Manuel García Morente (Humanidades). 2010.

LAMARCK. JB. Philosophie Zoologique. Flammarion. 1999.

RODRÍGUEZ GARCÍA, F. DAVID. Alcohol y Cerebro. Ediciones Absalón. Cádiz. 2010.

La biblioteca como laboratorio

Comentario del libro El Laboratorio de Foucault (Descifrar y Ordenar) de Mauricio Jalón. Editorial Anthropos, número 46. CSIC. Madrid, 1994.

Este comentario fue rechazado por dos revistas de Historia de la Ciencia: Llull y Asclepio. Uno de los motivos para rechazarlo era que se refería a un libro ya antiguo (el libro es de 1994) y que, por lo general, se publican comentarios de libros recientes. Pero además, entre los comentarios recibidos se encontraba lo siguiente:

> *En realidad, el libro indicado es utilizado como pretexto para abordar el tema central de la Nota, la defensa por el autor de la aplicación del estructuralismo a la Biología (en contra del positivismo y del evolucionismo).*
>
> *En ese punto focaliza como una de las raíces del Estructuralismo a las aportaciones de Cuvier en el ámbito de la Historia Natural. Concretamente, en apoyo de sus tesis describe, con una muy extensa cita, el principio de las correlaciones orgánicas de Cuvier. Este principio, como otros que defendía el naturalista, parte de un a priori metafísico, la adaptación perfecta y la armonía de órganos y funciones del ser vivo, de lo que deriva sus conclusiones...*

Y si son ustedes buenos y siguen leyendo el comentario, al final del mismo terminaré de contar lo que decía este evaluador y ahora vaya por delante el comentario.

A cañonazos creó Napoleón un lugar privilegiado para la Ciencia y con ritmo militar, como evocando el trueno del cañón, comienza el prólogo de éste libro, mediante una frase de Joubert, su ministro de Universidades. Dice Joubert: "Il faut savoir entrer dans les idées des autres et il faut savoir en sortir. Il faut savoir en sortir des siennes et il faut savoir y rentrer"; o sea, que es necesario saber entrar en las ideas de los demás y salir de ellas, tan necesario como salir de las ideas propias y volver a entrar en ellas. Y así, siguiendo este precepto, a medida que vamos leyendo, vamos entrando y saliendo de las ideas de Mauricio Jalón, quien a su vez, entra y sale, de las ideas de Michel Foucault. Al entrar y salir, de unas y otras, damos formación a las nuestras, preparándolas ya para poder, en caso necesario, salir de - o, volver a entrar en- ellas mismas. Nuestra lectura es viaje en un tren de montaña cuya vía discurre entre túneles que son las ideas de unos y de otros, y las nuestras propias que se van abriendo, como aquellos túneles, a golpe de pólvora, a cañonazos.

Dos obras clave de Michel Foucault (1926-1984) son La Arqueología del Saber y Las Palabras y las Cosas, consideradas como de Epistemología en el prólogo (literalmente desciframiento es la palabra usada por Jalón en la página 8). La segunda, Las Palabras y las Cosas, describe el contraste entre los periodos renacentista y clásico. La inspiración de que tal tipo de trabajo puede extenderse a otros campos, está en la base del libro, según reconoce Jalón al principio de su prólogo. Después de haber leído a ambos, a Foucault y a Jalón, después de haber transitado por la vía montañosa y llena de túneles, estoy seguro de que todavía sus inspiraciones tienen mucho campo por delante y esa es la locomotora que guía el presente comentario.

A la interpretación del Foucault epistemólogo, es decir, a la caza y captura de un cazador de significados, se dedica el libro que contiene cinco apartados: Un Pensamiento Fronterizo, Sobre la Historia y el Discurso, Más allá de una Teoría del Enunciado, El Orden de la Semejanza y la Ciencia del Orden. El presente comentario se dedica con más intensidad al primero de ellos, el titulado "Un Pensamiento Fronterizo", que es de índole más general y, someramente, a los sucesivos capítulos de la obra, más centrados en los textos de Foucault.

Dicen las primeras páginas del primer apartado que Foucault cambia mucho, "Capaz de aceptar todo excepto de anclarse en una ortodoxia", habría dicho de él Dumézil (p. 12). "Pero su travesía intelectual, lejos de destruir o negar el trabajo precedente, superpone en capas los análisis sucesivos, manteniendo, entre ellos, numerosos puntos de contacto", nos indica Jalón, para apuntar más adelante que la tarea de Foucault incluye lo histórico, lo filosófico, lo literario, lo crítico, lo científico y lo interpretativo (p. 12): "La conciencia de una especulación permeable a todos los campos es una de las primeras señas que identifican su trayectoria intelectual " (p. 14). Alumno de Gaston Bachelard (1884-1962), de Georges Dumézil (1898-1986), de Georges Canguilhem (1904-1995) y de Jean Hyppolite (1907-1968); formado en Paris, Uppsala, Varsovia y Hamburgo; con una variada base filosófica (Kant, Hegel, Nietzsche, Heidegger, Cassirer…), Foucault se define como alguien en busca de una perspectiva independiente y también como alguien sin escuela. Pero,… ¿Acaso después de lo visto no sabremos ya decir cuál es su escuela?, ¿Qué escuela abarca autores independientes y de intereses tan generales? Puede que, al menos en este caso, sea el estructuralismo, pero pronto lo vamos a ver. Hay prueba de ello en una entrevista que se menciona en la p. 19 a propósito de la cual dice Jalón:

> *Su interés siempre se había centrado en "las condiciones de modificación o de interrupción del sentido, las condiciones en las que el sentido se disuelve para dar lugar a otra cosa".*

Y continúa (p. 19):

> *Aunque no sea fácil definir el estructuralismo-muy diversas prácticas han recibido tal clasificación-, es evidente que este impulso tiene lazos con una exigencia clásica: La búsqueda de un orden básico que fundamente el sentido de una suma de fenómenos es, en general, una actividad reguladora indispensable en cualquier investigación y, en particular en las ciencias humanas.*

Y he aquí que la definición que da Jalón de estructuralismo, aun siendo casi perfecta, no es la que más me gusta, sobre todo por ese final en el que dice:

> *... es, en general, una actividad reguladora indispensable en cualquier investigación y, en particular en las ciencias humanas.*

Ya que, a mi entender, tal búsqueda de un orden básico es, tanto o más importante, en las ciencias físicas, químicas y biológicas -(dejemos aparte a los matemáticos como lo es el propio Jalón)- que en las humanas. Por eso he completado su definición de Estructuralismo que, como digo, me parece casi perfecta, con una sentencia tomada del libro Antropología Filosófica, de Cassirer, que dice:

> *Desde el punto de vista de la historia general de las ideas, es muy notable el hecho de que la lingüística, en este aspecto, se halla sujeta al mismo cambio que percibimos en otras ramas del conocimiento. El positivismo va siendo reemplazado por un nuevo principio que podemos denominar estructuralismo.*

El estructuralismo, esa búsqueda de un orden, esa actividad reguladora, viene además a aliviar del sobrepeso del positivismo, del cientifismo. Es por esto que el estructuralismo tiene un gran porvenir en las ciencias experimentales. Y es que, como bien se indica en la p. 115:

> *El contraste entre lo científico y lo no-científico no parece pertinente para el campo más general de juego de discursos: las formaciones foucaultianas no son esbozos de ciencias futuras ni se hayan en un "estado de subordinación teleológica en relación con la ortogénesis de las ciencias", con independencia de su evolución. (El texto entrecomillado procede de Arqueología del Saber).*

Y, más aún a continuación, una frase reveladora:

> *Ya en 1921, Sapir recordaba lo pernicioso que había sido, para las ciencias sociales, el prejuicio evolucionista del positivismo: la progresividad científica había conseguido, ante todo, tiranizarlas.*

Entonces, si la progresividad científica que no es ni más ni menos que una parte del mito de la evolución, había conseguido tiranizar a las ciencias sociales, ¿Qué no habría hecho con las ciencias experimentales?, ¿Acaso Sapir no quería ni siquiera pensarlo?

Pronto hemos de ir viendo cómo el estructuralismo irrumpe poderosamente en medio de las ciencias experimentales y cambia radicalmente el mapa de su territorio, el trazado de sus vías férreas. Si la ocasión no ha llegado ya o sólo lo ha hecho en pequeñas parcelas, puede deberse a diferentes condicionamientos históricos, económicos y sociales que, aunque no voy a analizar aquí, puedo, entre sospechas, ir imaginando. Si, como Sapir indicaba, el prejuicio evolucionista ha sido pernicioso para las ciencias sociales, mejor no intentar resumir brevemente cuál pueda haber sido su efecto en las experimentales. El estructuralismo tiene una enorme tarea por delante en las ciencias experimentales y entre otras cosas, deberá descubrir sus relaciones con los aspectos que hasta ahora han sido objeto de las ciencias sociales, tales como los relacionados con la representación social que Jodelet definía de esta manera:

> *La representación social es un proceso de elaboración perceptiva y mental de la realidad que transforma los objetos sociales (personas, contextos, situaciones) en categorías simbólicas (valores, creencias, ideologías) y les confiere un estatuto cognitivo, permitiendo aprehender los aspectos de la vida ordinaria por un re-encuadre de nuestras propias conductas en el interior de las interacciones sociales.*

El estructuralismo no respeta límites preconcebidos, sino que, al contrario, intenta reconocer los que son naturales. En consecuencia, puede llegar también a imponerlos, a trazar nuevas fronteras entre las ciencias; actividad esta de trazar fronteras que, como bien es sabido, tiene lugar a cañonazos. Esta será una de sus tareas principales: Mostrar a las ciencias experimentales sus límites.

Además, las relaciones entre el estructuralismo y las ciencias experimentales son complejas y no se limitan a un futuro prometedor. Vemos que el estructuralismo tiene raíces antiguas y así, el libro menciona a Kant quien habría notado ya que el todo no está amontonado sino articulado (p. 20). Tal articulación constituye el tema de trabajo de ambos, Foucault y Jalón, y como éste destaca adecuadamente, tiene gran importancia en las ciencias humanas. Sí, es cierto. Pero la importancia no es menor en las demás disciplinas científicas. Las raíces del estructuralismo se encuentran dispersas. Parte en Rusia (p. 20), parte entre antropólogos y lingüistas; pero, y me interesa subrayar también este otro origen, también las raíces del estructuralismo se encuentran en la Historia Natural. Así en Cuvier, a quien debemos estos párrafos fundacionales:

> *Todo ser organizado forma un conjunto, un sistema único y cerrado, cuyas partes se corresponden mutuamente y concurren a la misma acción definitiva, mediante una reacción recíproca. Ninguna de estas partes puede cambiar sin que las otras cambien, y por consiguiente cualquiera de ellas, tomada por separado, indica y determina todas las demás: así, si los intestinos de un animal están organizados de tal manera que han de digerir carne fresca, hace falta también que sus mandíbulas sean construidas para devorar una presa; sus uñas, para agarrarla y desgarrarla; sus dientes, para cortarla y trocearla; el sistema entero de sus órganos del movimiento, para perseguirla y alcanzarla; sus órganos de los sentidos, para percibirla de lejos; hasta hace falta que la naturaleza haya colocado en su cerebro el instinto necesario para saber esconderse y tender trampas a sus víctimas. Tales serán las condiciones generales del régimen carnívoro: todo animal destinado a este régimen las reunirá infaliblemente, porque su raza no habría podido subsistir sin ellas; pero bajo estas condiciones generales, existen otras particulares, relativas al tamaño, a la especie; a la presa para la cual el animal está dispuesto; y de cada una de estas condiciones particulares resultan modificaciones de detalle en las formas que derivan de las condiciones generales; no sólo la clase, sino que el orden, el género, y hasta la especie, se encuentran expresados en la forma de cada parte. En efecto, para que la mandíbula pueda coger, necesitará que su cóndilo tenga cierta forma; que haya cierta relación entre la posición de la resistencia y la de la potencia con*

su punto de apoyo, cierto volumen en el músculo temporal que exige una cierta extensión en el hoyo que le recibe, y una cierta convexidad del arco cigomático bajo el cual pasa; este arco cigomático debe también tener una cierta fuerza para dar apoyo al músculo masetero.

Para que el animal pueda llevarse su presa, le hace falta cierto vigor en los músculos que levantan su cabeza, de donde resulta una forma determinada en las vértebras donde estos músculos tienen sus ligamentos, y en el occipucio donde se insertan.

Para que los dientes puedan cortar la carne, hace falta que sean cortantes, y que lo sean más o menos, según tengan, más o menos, que cortar exclusivamente carne. Su base deberá ser tanto más sólida, cuanto más y más gruesos sean los huesos que deban quebrantar. Todas estas circunstancias influirán también en el desarrollo de todas las partes que sirven para mover la mandíbula.

Para que las uñas puedan coger esta presa, será necesaria cierta movilidad en los dedos, cierta fortaleza en las uñas, de donde resultan formas determinadas en todas las falanges, y distribuciones necesarias de músculos y de tendones; hará falta que el antebrazo tenga una cierta facilidad para el giro, de donde todavía resultarán formas determinadas en los huesos que lo componen; pero los huesos del antebrazo que se articulan sobre el húmero, no pueden cambiar de formas sin provocar cambios en éste. Los huesos del hombro deberán tener un cierto grado de firmeza en los animales que emplean sus brazos para coger, y todavía resultará de eso que ellos tendrán formas particulares. El juego de todas estas partes exigirá en todos sus músculos ciertas proporciones, y los ligamentos de estos músculos tan proporcionados, determinarán todavía más particularmente las formas de los huesos. Es fácil ver que se pueden sacar conclusiones semejantes para las extremidades posteriores que contribuyen a la rapidez del movimiento general; para la composición del tronco y las formas de las vértebras, que influyen en la facilidad, la flexibilidad de este movimiento, para las formas de los huesos de la nariz, de la órbita, de la oreja, cuyas relaciones con los sentidos del olfato, de la vista, del oído son evidentes. En una palabra, la forma del diente provoca la forma del cóndilo, la del omóplato, la de las uñas ... tal y como la ecuación de una curva provoca todas sus propiedades; y lo mismo que tomando cada propiedad por separado como base de una ecuación particular, encontraríamos, tanto la ecuación ordinaria, como todas sus demás propiedades, lo mismo la uña, el omóplato, el cóndilo, el fémur, y todos los demás huesos tomados cada uno por separado, dan el diente o se dan recíprocamente; y comenzando con cada uno de ellos, quien tuviese racionalmente las leyes de la economía orgánica, podría rehacer todo el animal.

Jalón está de acuerdo con Cassirer en que los movimientos renovadores se enlazan con una crítica al determinismo positivista (p. 20) y por ende desembocan en una genuina atención al lenguaje (p. 21). Al parecer el propio Foucault había indicado que "era Dumézil quien le había enseñado a localizar en secuencias verbales dispares, por el juego de las comparaciones, el sistema de las correlaciones funcionales". Ahora bien, siendo así resulta extraño que pase en tantas ocasiones Lévi-Strauss por ser cabeza del estructuralismo (p. 22) y dedicarse éste (el estructuralismo) al estudio de entidades culturales (manicomio, cuartel, asilo, prisión, cementerio...) o directamente al profundísimo terreno del mito (p. 23). Si el estructuralismo va contra el cientifismo, entonces su terreno de acción está, primero en la Historia Natural, hoy derivada a una confusa Biología y más en general, en todas las ciencias experimentales. Un científico napoleónico, Cuvier, es fundador del estructuralismo. Las humanidades y la historia no están nunca tan alejadas de la Biología como se puede, por lo general, suponer. Mejor dicho, las humanidades y la historia no están nunca tan alejadas de la Biología como interesa al poder que supongamos. No olvidemos que "el poder produce: produce lo real, produce los dominios de objetos y los rituales de la verdad" (p. 139). También las ciencias experimentales viven en los terrenos del mito, considerado como una modalidad de conformación mental: "que una buena discriminación del material mítico exige definir su estatuto social y mental, introducirse en su funcionamiento interno y precisar su individualidad" (p. 23).

Para no hundirnos en los terrenos del mito conviene ahora citar una nota al pie de la página 35 en donde se nos indica que para Callois, el centro de la existencia social se alcanzaría tratando tres problemas: el del poder, el de lo sagrado y el de los mitos y reflexionar entonces si la afirmación es válida también para las afirmaciones más puramente científicas. Será muy interesante investigar si acaso las verdades al uso en la ciencias experimentales, también llamadas puras, se someten a esta triple tiranía de la página 35 que páginas antes, en la 25, habría tomado formas semejantes bajo el nombre de una tripartición funcional (el poder sería la fuerza física y guerrera; lo sagrado, la fecundidad; y los mitos, la soberanía mágica y jurídica). En cualquier caso si estos poderes rigen la existencia social, será raro que no rijan asimismo la existencia social de las entidades más puramente científicas. En definitiva, y por ir ya centrando el tema, diríamos que estructuralista es quien descubre estructuras y relaciones entre sus partes, quien "instaura lazos entre elementos diseminados de modo que aparezcan opuestos, yuxtapuestos o correlacionados en un conjunto explicativo" (p. 29). Y que, si esto lo hizo Lévi-Strauss con las lenguas, antes lo hizo Cuvier con la anatomía de los vertebrados y no se entiende bien por qué tarea tan fructífera en humanidades ha permanecido al margen en las ciencias, con algunas honrosas excepciones, incluyendo la del propio Foucault.

Entra el libro en el trabajo de Foucault y comienza por definir la época que analiza como la de "homogenización del espacio geográfico y progresiva consolidación de los poderes centralizadores, la de los primeros esbozos del cambio del sistema económico, la del desarrollo del control institucional de la cultura, la de la racionalización y la revolución científica " (p. 31).

El camino es doble, histórico y reflexivo y el resultado, un conjunto variado de textos. La Historia de la Locura (1961) es una de sus primeras obras. *La Naissance de la Clinique* (1963) destaca el papel de la medicina en la constitución de las ciencias humanas (p. 40). En Las Palabras y las Cosas (1966) se analizan tres planos, tres prácticas científicas: La Teoría del lenguaje, las Ciencias Naturales y el análisis de las riquezas. *Surveiller et punir* (1975) y *La volonté de savoir* (1976) siguen poniendo de relieve la relación entre conocimiento y poder.

¿Quién es Foucault? Para responder a esta pregunta démosle mejor esta forma alternativa ¿Qué hace Foucault? A lo largo del libro vamos encontrando respuestas sucesivas. Así, algunas nos indican: 1) Reflexiona sobre la forma en que se constituyen ciertos saberes (p. 46); 2) Estudia el cuestionamiento de la sinrazón y la enfermedad (p. 47); 3) Discute la sinuosa constitución del saber sobre la vida, el lenguaje y el trabajo, a partir de las prácticas verbales que corresponden a determinadas reglas epistémicas (p. 47); 4) Aborda el problema de la discontinuidad en la descripción histórica (p. 52); 5) Delimita la aparición, la regularidad y las condiciones de posibilidad de un determinado tipo de discurso (p. 65).

No sorprende, con estas premisas, que, en una parte de su última etapa, Foucault, se dedicase al desarrollo de conceptos como biopoder y biopolítica, importantes para describir la compleja trama de relaciones sociales que se extiende en el entorno de la Biología, una ciencia experimental heredera de la Historia Natural, cuyo orden vino a reemplazar por confusión, de gran alcance en la sociedad y a la cual deberán pronto aplicarse los métodos del estructuralismo.

Referencias

CASSIRER, ERNST. Antropología Filosófica. 4ª ed. Colección Popular. Fondo de Cultura Economica. México. 1965.

JALÓN, MAURICIO. El laboratorio de Foucault. Descifrar y ordenar. Anthropos. CSIC. Madrid. 1994.

JODELET, DENISE. La representación social: Fenómenos, conceptos y teoría. En: Moscovici. S. Psicología Social II. Barcelona: Paidós. 1989

Enhorabuena y gracias por haber leído hasta el final este comentario. Como prometido, he aquí lo que decía el evaluador citado al principio:

> *En todo caso, la afirmación de que Cuvier es "fundador del Estructuralismo", con un siglo de antelación, es inaceptable o*

exige una demostración adecuada (en un artículo), no meras afirmaciones o generalidades (estructuralista es "quien descubre estructuras y relaciones entre sus partes"). El planteamiento del autor es ahistórico, parece concebir el movimiento de las ideas, el desarrollo de nuevas propuestas, de una forma abstracta, al margen del tiempo y de la sociedad, de circunstancias concretas que hay que explicar.

Por todo ello se desaconseja la publicación de la nota.

El viaje al sol de Manuel Martínez de la Escalera

Comentario del libro titulado Al encuentro del naturalista Manuel Martínez de la Escalera (1867-1949), coordinado por Carolina Martín Albaladejo e Isabel Izquierdo Moya. Prólogo de Xavier Bellés. Colección Monografías del Museo Nacional de Ciencias Naturales, número 25. CSIC. Madrid, 2011.

El libro titulado "Al encuentro del naturalista Manuel Martínez de la Escalera (1867-1949)", coordinado por Carolina Martín Albaladejo e Isabel Izquierdo Moya, y editado por el CSIC (Madrid, 2011) consta de treinta capítulos y un apéndice grafo-psicológico, a cargo de treinta y ocho autores entre los que se encuentran reconocidos entomólogos, naturalistas e historiadores de la ciencia, con una presentación del Director del Museo Nacional de Ciencias Naturales y un prólogo de justo título "Manuel Martínez de la Escalera o la pasión por la Entomología" firmado por Xavier Bellés Ros, del Instituto de Biología Evolutiva del CSIC en Barcelona.

En este comentario se destaca la semejanza entre el libro y la labor del naturalista en él homenajeado. En ambos casos se trata de tareas minuciosas, profesionales, decididas y completas sin olvidar una importante vocación humanista. Se comentan con particular interés algunos capítulos como el titulado "Reflexiones sobre la labor científica de M. Martínez de la Escalera", firmado por José L. Ruiz y Mario García-París. En él se plantean algunas preguntas relacionadas con los criterios taxonómicos y los conceptos evolutivos subyacentes. Para responderlas hay que tener en cuenta cuestiones relacionadas con el principio de autoridad y un aspecto clave de la taxonomía: el trabajo de campo. La lectura del libro dibuja una imagen de

Manuel Martínez de la Escalera como un naturalista vocacional y romántico, una figura de referencia obligada en la entomología. Algunas comparaciones surgen inevitables y ayudan, por un lado a obtener una imagen simbólica del naturalista y, por otro lado, a entender su condición de proscrito.

El dieciocho de diciembre de 2011, festividad de Nuestra Señora de la Esperanza, el Museo Nacional de Ciencias Naturales editó un libro dedicado a la memoria de Manuel Martínez de la Escalera, entomólogo y viajero, al cumplirse ciento cuarenta y cuatro años de su nacimiento. Titulado "Al encuentro del naturalista Manuel Martínez de la Escalera (1867-1949)", el libro está coordinado por las investigadoras del Museo Carolina Martín Albaladejo e Isabel Izquierdo Moya, quienes, por haber tenido a su cuidado las colecciones entomológicas, están bien familiarizadas con los trabajos del homenajeado.

Contiene un total de treinta capítulos y un apéndice grafo-psicológico, firmados por treinta y ocho autores entre los que se encuentran reconocidos entomólogos, naturalistas e historiadores de la ciencia, con una presentación del Director del Museo Nacional de Ciencias Naturales y un prólogo de justo título "Manuel Martínez de la Escalera o la pasión por la Entomología" firmado por Xavier Bellés Ros, del Instituto de Biología Evolutiva del CSIC en Barcelona. Comienza la obra con una puntualización importante en su dedicatoria:

> *A los naturalistas españoles, siempre faltos de apoyo y reconocimiento*

Detalle que aplaudo y del que tomo buena nota para comenzar el presente comentario dedicándolo de esta manera:

A los taxónomos, en general, quiénes en los tiempos que corren deberán encomendarse a Nuestra Señora de la Esperanza

Porque antes de abrir el libro, su propio peso viene a demostrar que aquellas cosas que tienen que ocurrir, acaban ocurriendo, materializándose. *Rotas opera tenet*, explica el dicho latino: El Universo contiene las obras. Algunas, *a priori* difíciles o particularmente costosas, acaban cumpliéndose: saliendo adelante siempre y cuando haya alguien que sienta que su deber consiste en impulsarlas, darles a luz a menudo con esfuerzos titánicos. Y puesto que la taxonomía es labor necesaria para el conocimiento de la Naturaleza es de esperar que un día no muy lejano veamos su resurgir. En tal dirección apunta este libro y es que, quizás como consecuencia de la crisis y debido a la dificultad de conseguir medios para el material fungible tan imprescindible en biología molecular, podrían volver ahora los naturalistas a trabajar en el campo. Será o eso o nada, pues bien sabido es que *sine systemate, chaos...*

El libro comparte cualidades con su protagonista: una tarea minuciosa, profesional, decidida y completa sin olvidar una importante vocación humanista. Nos gustaría que todo esto viniese a ser marca de la casa, herencia de la generación de Escalera a la de Martín Albaladejo e Izquierdo Moya y que se transmitiese así a sucesivas generaciones de entomólogos e investigadores del Museo y del CSIC en general.

Por su variedad, densidad y oportunidad histórica, la obra recompensará con creces a quien le dedique una lectura paciente, pero también a sus lectores más superficiales o apresurados, puesto que, entre otras cosas, se trata de un relato de aventuras. No en vano comienza mencionando unos versos de Lord Byron que dicen:

> *Escalar por montañas invisibles, sin rastro, como animal salvaje; y a solas, embebido, contemplar los torrentes, los barrancos más altos; eso no es soledad, es más bien comulgar, sumergirse en la magia de la naturaleza.*

Inevitable destacar aquí que los versos comienzan por el verbo Escalar. Como también ineludible que, puesto a copiar, copie el párrafo de Escalera que sigue a estos versos:

> *Y yo señores, dejé tras de esa puerta el morral del viajero, que recogeré gozoso a la salida; y sin más ley que la voluntad todopoderosa ni más atadero que el cumplimiento del deber, sacado ahora el polvo del camino andado, en espera de la estación florida, para alzar el vuelo en demanda de tierras donde sale el sol más presto y beber en la copa desbordante de la naturaleza.*

Dos párrafos introductorios cuyo contenido, bien tejido y entrelazado, daría material para escribir largo y tendido porque... ¿Acaso no es una curiosa coincidencia que el verso de Lord Byron comience por el verbo Escalar? Pero no se trata sólo de escalar: *Sumergirse en la magia de la naturaleza*, dice después el poeta viajero en otra frase conveniente al caso, porque si alguien se ha sumergido en la magia de la naturaleza, después de la visita de don Quijote a la Cueva de Montesinos, ese fue Manuel Martínez de la Escalera. *Escalar montañas invisibles, sin rastro, como animal salvaje,* fue, al parecer su sino. También bajar barrancos. Así leemos en el capítulo dedicado a la Misión Científica en Canarias de 1921, del que es autora Isabel Izquierdo (página 397):

> *Impresiona la idea de las múltiples bajadas al fondo del barranco que serían necesarias, con sus correspondientes subidas y desde*

> *enero a abril, para constatar con tal detalle el ciclo y comportamiento de estos insectos, cuyo tamaño por otra parte oscila entre los 3 y los 4 mm.* (Se refiere a <u>Cephalogonia satanas</u> y <u>Cephalogonia mephistopheles</u> precisamente, que viven en <u>Euphorbia balsaminifera</u> y se encuentran entre las especies descritas por Escalera en este viaje).

A sumergirse en la magia de la naturaleza, que para Byron es sinónimo de comulgar, Escalera llama buscar *tierras donde sale el sol más presto y beber en la copa desbordante de la naturaleza.* Nos encontramos ante dos autores de fundamentos y aspiraciones semejantes. Religiosos, dirían algunos, a quienes tal vez otros religiosos responderían: panteístas. Con toda seguridad, ambos conscientes de pertenecer a un mundo pródigo en coincidencias entre sus variados objetos; de las cuales, algunas les esperan impacientes por ser descubiertas. Nos encontramos ante autores que, en una palabra, son, románticos.

La escalera es el símbolo de la progresión hacia el saber, de la ascensión hacia el conocimiento de la transfiguración. Si se eleva hacia el cielo, se trata del conocimiento del mundo aparente o divino, solar; si entra en la tierra, se trata del saber oculto y de las profundidades del inconsciente, allí donde pueden encontrar su hábitat algunas especies del Gén. *Cephalogonia* como las arriba mencionadas. Del *Dictionaire des symboles* publicado en Paris por Robert Laffont y las ediciones Júpiter, de los autores Jean Chevalier y Alain Gheerbrant, obtenemos la base para esta información en el apartado dedicado a la escalera (Escalier). No seguiremos leyendo dicho apartado porque en él, los autores continúan discurriendo con total libertad sobre las pirámides, tema que no tiene que ver con nuestro homenajeado, salvo si tenemos en cuenta que para los egipcios el dios Ra, el Sol, es el escarabajo (esc.), símbolo cíclico del sol. Los viajes en busca del escarabajo fueron el medio natural de nuestro autor y hemos de comprender que el resultado de tan altas aspiraciones no sea inmediato. Todo llegará, pero con el debido tiempo:

> *Si se retrasan mis noticias no por ello piensen mal de mis aventuras, será que vengo por tierra y nada más*

Escribe en 1906 desde la ciudad portuaria de Mogador (hoy Essaouira) como nos recuerda en la página 221 Carolina Martín Albaladejo al comenzar su capítulo titulado "Martínez de la Escalera en el Noroeste de África: la huella de sus exploraciones entomológicas". Si las noticias (los hechos, o las personas) se retrasan, no pensemos mal ni seamos impacientes, será que vienen por tierra. Si hubiesen venido por mar ya habrían llegado; y antes, de haber venido por el aire o por el sol, parece decir Escalera, siempre presto a salir en ruta hacia el sur, en su busca; o, lo que es lo mismo, a cazar escarabajos, si es que aciertan los egipcios y el escarabajo es el sol: La caza sutil, se lee en el capítulo número diecisiete que Joaquín María Córdoba Zoilo ha escrito en este libro de aventuras.

El libro se divide en seis secciones: El Hombre y su Vida; Actividad Científica; Otros Intereses; Expediciones y Muestreos; El Patrimonio Científico de Martínez de la Escalera y…. cómo no, En el Museo Nacional de Ciencias Naturales. ¿Por dónde comenzar? La cuestión no es fácil y seguramente se nos planteará en repetidas ocasiones. La mayoría habremos comenzado por mirar despacio las imágenes en color de sus últimas páginas. Podríamos después explorar en el Índice Onomástico en busca de algún autor o personaje que nos resulte conocido y pueda ahí estar citado. También podemos ¿cómo no?, empezar por cualquier capítulo, por ejemplo por la sección dedicada a Expediciones y Muestreos; o por el último capítulo, que hace el número 30 titulado "El Patrimonio Científico de M. M. de la Escalera en el Museo Nacional de Ciencias Naturales. Insectos", del que son autoras Mercedes Paris García, Amparo Blay Goicoechea, Mercedes Hitado Morales, Isabel Izquierdo Moya y Carolina Martín Albaladejo. En su página 585 leemos:

> *Para comenzar por el principio, diremos que queda constancia en esta colección de su periplo inicial por numerosas cuevas españolas a finales de siglo. Sobre estos muestreos publica sus dos primeros trabajos científicos que incluyen la descripción de tres especies nuevas: <u>Bathyscia bolivari</u>, <u>B. sharpi</u> y <u>B. autumnalis</u> (Martínez de la Escalera, 1898, 1899), cuyos tipos se conservan aquí así como también muchos de los animales capturados en aquellos recorridos.*

Volveremos más adelante con estos insectos cavernícolas.

También podemos empezar de manera ortodoxa por el principio. En las ocasiones en que lo he hecho así, no he llegado nunca al punto de parar por aburrimiento sino que, por el contrario, siempre me ha faltado tiempo debiendo interrumpir la lectura para atender alguna necesidad o imprevisto.

Al preparar el libro dedicado a Mariano de la Paz Graells, lamentábamos los autores que, por no haber encontrado descendientes directos de nuestro homenajeado, su memoria personal era ya remota: el barco había roto amarras. Afortunadamente, en el caso de Manuel Martínez de la Escalera, el recuerdo personal permanece vivo en la memoria de sus descendientes. Así, los dos primeros capítulos son de lectura obligada porque nos acercan al homenajeado en base a recuerdos y testimonios de sus familiares. En el primer capítulo, titulado "Algunos recuerdos familiares sobre el entomólogo Manuel Martínez de la Escalera y Pérez de Rozas",

Joaquín Fernández Pérez define los contornos familiares y personales del entomólogo guiándose en algunos casos por el recuerdo de su nieto Manuel, que también acudió a la presentación del libro que tuvo lugar el pasado día 29 de febrero en el Museo Nacional de Ciencias Naturales. Sus viajes y aventuras, su vida en Madrid, sus hijos, de los cuales Fernando siguió las aficiones entomológicas y viajeras de su padre. La vida de todos ellos en las dificultades de la posguerra. El hijo menor de Escalera, Manuel, quien con nueve años aparece montado a caballo como un expedicionario más en la fotografía de la página 55 tomada en algún lugar de Marruecos en 1913, permaneció tras la guerra Civil en Madrid y es el padre de Manuel Martínez de la Escalera Príncipe que ayudó al autor de este emotivo primer capítulo. Fernando, el mayor, salió hacia Uruguay y sus dos hijos mayores hacia México, hasta enlazar con las generaciones actuales: Gonzalo, neurobiólogo en la UNAM, es nieto de Fernando y autor del segundo capítulo.

Titulado "Fernando Martínez de la Escalera: Aproximación al legado humanista de Manuel Martínez de la Escalera", el segundo capítulo nos ofrece una visión de primera mano de la persona de Fernando, el hijo mayor del entomólogo, realizada por su nieto Gonzalo Martínez de la Escalera Carrasco:

> *Mi hijo Fernando ha sido el primer entomólogo que ha pisado tierras del sur del Atlas....*

Contaba entonces quince o dieciséis años. Con dieciséis, *un caballo, dos mulas y dos criados* inicia la segunda exploración al Sus, primera encabezada por él siguiendo directrices de su padre:

> *Convendría que pasaras por el Gundafi sin detenerte en el camino y comenzar la caza en la vertiente sur del Atlas; si te es posible,*

> *desde el Gundafi o Tarundant, podrías dirigirte hacia Tazenaht y el Draa, regiones absolutamente nuevas y que deben tener una fauna escasa, pero interesantísima; el 30 por 100 de las especies del Sus salen nuevas.*

El capítulo narra los peligros y aventuras de estas exploraciones, su labor como intérprete y secretario de Moulay Abd al-Hafid, quien fuera sultán de Marruecos entre 1908 y 1912, sus actividades como entomólogo y describe la relación familiar con sus nietos.

Los capítulos 3 y 4, de Carlos Martín Escorza y Carolina Martín Albaladejo e Isabel Izquierdo Moya se ocupan respectivamente de "Los progenitores" y de la "Cronología Biográfica del Naturalista". Al final del cuarto capítulo hay que leer con atención las notas biográficas que Emma Martínez de la Escalera escribe mecanografiadas en media docena de cuartillas y que contienen memorias y anécdotas vivas de la convivencia con su padre.

La segunda sección se ocupa de la Actividad Científica y contiene nueve capítulos. El capítulo 5, firmado por las coordinadoras del libro, presenta un compendio de la bibliografía del autor, quien con un total de 156 obras es uno de los más productivos de la entomología nacional. De ellas, 149 son de carácter estrictamente científico dedicándose 129 a los coleópteros. El capítulo 6, de Celia Santos Mazorra y Cristina Aragüés Aliaga analiza los 862 taxones de coleópteros descritos por Escalera y discute su validez actual. El capítulo 7, de Alberto Gomis Blanco, trata de la Proyección Científica de Manuel Martínez de la Escalera desde la Real Sociedad Española de Historia Natural, institución importante para la exploración y el estudio del Noroeste de África. En el capítulo 8, Carlos Martín Escorza y Carolina Martín Albaladejo realizan un "Análisis de los textos y obras de Escalera" basado en el empleo de herramientas informáticas y estadísticas que sirve ya, entre otras cosas, para destacar una publicación excepcional: La dedicada en 1914 a los coleópteros de Marruecos. El noveno capítulo de Mario García Paris y José L. Ruiz se dedica a "Las Cantáridas y Aceiteras (Coleoptera: Meloidae) en la obra de Manuel Martínez de la Escalera". El décimo, por Isabel Izquierdo Moya e Irene Fernández Sanz va dedicado a la fauna cavernícola y endógea.

El undécimo capítulo, de Carolina Martín Albaladejo se concentra en los resultados entomológicos de las exploraciones en el noroeste de África y puede ser también un buen punto de partida para comenzar a entender la labor del homenajeado.

Por mi particular situación de condenado a perpetuidad a la lectura de "El Origen de las Especies por Medio de la Selección Natural o la Supervivencia del más Apto en la Lucha por la Existencia", obra cumbre de la manipulación social, uno de los capítulos que he leído con más detenimiento ha sido el que hace el número duodécimo, titulado "Reflexiones sobre la labor científica de M. Martínez de la Escalera" y firmado por José L. Ruiz y Mario García-París. Resumiendo la labor del naturalista dicen los autores en la presentación del capítulo:

> ... *publicó trabajos taxonómicos de 21 familias distintas de coleópteros, en los que describió 862 nuevos taxones para la ciencia, a la par que estudios faunísticos de gran calado, entre los que destaca sobremanera la fauna de coleópteros de Marruecos (Martínez de la Escalera, 1914) ...*

Y un poco más adelante:

> *Es realmente destacable el modo en el que Martínez de la Escalera utilizaba los criterios taxonómicos y, sobre todo, su percepción de los conceptos evolutivos subyacentes, una percepción realmente avanzada para su época que debería haber transcendido con mucha más fuerza de la que lo hizo.*

Interesa discutir los aspectos sugeridos en este breve párrafo: Los criterios taxonómicos y los conceptos evolutivos subyacentes. A tal fin he comentado el capítulo en una entrada del blog "Biología y Pensamiento" titulada "La variación en la naturaleza: La ciencia de la taxonomía y el concepto de Especie según Manuel Martínez de la Escalera". Sospecho que el trato dado por Darwin a la taxonomía y a sus categorías, lleno de ambigüedad y carente de rigor ha sido fatal para esta disciplina, y por tanto no sólo ha resultado influencia negativa para el conocimiento, sino también para el respeto por la naturaleza. Ya lo decía valientemente William R. Thompson en su prólogo a una edición del "Origen de las Especies en 1956:

> *The success of Darwinism was accompanied by a decline in scientific integrity. This is already evident in the reckless statements of Haeckel and in the shifting, devious and histrionic argumentation of T. H. Huxley.*
>
> *El éxito del darwinismo fue acompañado por una decadencia en la integridad científica. Esto ya es evidente en las declaraciones irresponsables de Haeckel y en la ambigua, tortuosa e histriónica argumentación de T.H. Huxley.*

La práctica de la taxonomía tiene mucho que ver con la integridad científica, con el rigor. Curiosamente, además de tratar del rigor de Martínez de la Escalera en un apartado titulado "El concepto de especie y la percepción evolutiva", los apartados siguientes de este duodécimo capítulo son de título igualmente revelador: "El principio de autoridad: Una visión premonitoria" y "El trabajo de Campo, pilar básico en la forja de un entomólogo". En relación con el concepto de especie, los autores recuerdan las siguientes citas del naturalista. Algunas vuelven a aparecer en el capítulo 21:

> *Viniendo a la especie, he considerado a ésta como el estado presente de una forma animal que ya concreta y fija de momento o ya con una gran variabilidad y siempre en área geográfica bien limitada presenta en sus individuos una tal suma de caracteres idénticos que impiden su división en otros grupos secundarios.*

Cita tomada de Martínez de la Escalera, M. *Sistema de las especies ibéricas del gen. Asida* Latr. Bol. Soc Esp Hist Nat 5: 377-402.

Y, también en relación con el concepto de especie:

> *Nada hay más falso, a mi juicio, que el afirmar que una especie es válida solamente cuando no existen puntos de enlace con otras, considerándola, cual á un hito en medio de un campo, aislada; corno si nadie pudiera afirmar que la falta de transiciones es debida a imperfecto conocimiento de la fauna viva o a extinción próxima o remota de dichos intermediarios.*

> *¿Qué mejor argumento para hacer dos subgéneros puede aducirse que esta imposibilidad de habitar las especies de uno de ellos, el área de las del otro, aún desaparecidas, después de millares de*

> años, las causas que desviaron dichas adaptaciones de un antecesor, que tampoco puede negarse fue el mismo otros millares de años antes?

Ambas citas tomadas de Martínez de la Escalera, M. *Sistema de las especies ibéricas del gen. Asida* Latr. Bol. Soc Esp Hist Nat 5: 430-450.

También llama la atención en este duodécimo capítulo de la obra el texto que sigue:

> Como la mayoría de sus colegas, Martínez de la Escalera utilizaba unos pocos caracteres morfológicos considerados de importancia taxonómica como base para la descripción de taxones nuevos (variables según el tipo de coleópteros tratado).

> Pero en sus trabajos, el valor de estos rasgos no es absoluto, sino que depende del contexto geográfico y de la cantidad de material disponible, siendo esta última circunstancia de especial importancia, pues nuestro autor prestaba gran atención a la variabilidad inter-específica y a la constancia o fijación en las poblaciones de determinados rasgos a la hora de nominar nuevos taxones. Aunque esta praxis aparentemente arbitraria produjo cierta discusión por parte de algunos entomólogos coetáneos, un examen de las diversas atribuciones revela que la arbitrariedad, al menos en el caso de las descripciones de taxones de la familia Meloidae, se encuadra en un esquema preciso que sólo falla cuando el número de ejemplares es limitado.

Y, a continuación, los autores dan ejemplos de este método utilizado por el naturalista, de quien dicen:

> *Sin lugar a dudas, Martínez de la Escalera fue un evolucionista convencido. Su visión evolutiva del mundo vivo impregnó buena parte de su obra y, por ende, del quehacer taxonómico y sistemático en ella plasmado. Conforme a esa línea de pensamiento, en relación a los grupos que estudió en mayor profundidad, persiguió un objetivo primordial: generar clasificaciones naturales, basadas en las relaciones de afinidad y parentesco, tratando en la medida de lo posible de desvelar la historia evolutiva de los taxones implicados, para lo cual utiliza la información paleo-geográfica disponible. En esencia, pretende establecer la posible filogenia de estos grupos, a lo que llamó "genealogía" según sus analogías naturales, enraizada en un ancestro común (... si bien en 1925 utilizó el término "filogenético" para titular un trabajo que no llegó a publicar....), aunque, evidentemente sin el concurso de metodología cladista, no desarrollada hasta varias décadas más tarde.*

Destacan un par de párrafos de la sección titulada "El principio de autoridad: Una visión premonitoria":

> *Otro aspecto especialmente significativo del trabajo de Martínez de la Escalera, a nuestro parecer, es su rechazo implícito al principio de autoridad. Quizás cansado de las críticas de otros entomólogos, Martínez de la Escalera (1944) escribe:*

> "Y del libro estrictamente científico, documentado, quizá por exceso de datos y colecciones disponibles y espíritu de generalización, también cabe desconfiar; puesto que lleva a los unos a considerar una forma nueva como mera subespecie, variedad o raza local de alguna especie de área más extensa; y a los otros, a estimarla de mayor categoría creando para ella un subgénero, que hará la desesperación del bando opuesto, dando lugar a discusiones bizantinas entre naturalistas del XIX y del XX, en que he tomado parte alguna vez."

Algo distinto a lo que sugería Charles Darwin en el capítulo titulado Sobre la Variación en la Naturaleza:

> *Hence, in determining whether a form should be ranked as a species or a variety, the opinion of naturalists having sound judgment and wide experience seems the only guide to follow. We must, however, in many cases, decide by a majority of naturalists, for few well-marked and well-known varieties can be named which have not been ranked as species by at least some competent judges.*
>
> *De aquí que, al determinar si una forma ha de ser clasificada como especie o como variedad, la opinión de los naturalistas de buen juicio y amplia experiencia parece la única guía que seguir. En muchos casos, sin embargo, tenemos que decidir por mayoría de naturalistas, pues pocas variedades bien conocidas y caracterizadas pueden mencionarse que no hayan sido clasificadas como especies, a lo menos por algunos jueces competentes.*

Puesto que la clave no está en la confianza en la autoridad, en el buen juicio y amplia experiencia de otros naturalistas, sino más bien en la propia experiencia de la naturaleza; es decir, en el trabajo de campo.

Termina esta sección segunda con un capítulo de las coordinadoras dedicado a los nombres de organismos dedicados a Martínez de la Escalera (capítulo 13). Los tres capítulos siguientes, 14, 15 y 16 constituyen la sección titulada "Otros intereses" y tratan temas tan variados como la historia de la zoología marina y la oceanografía en el NO de África (Juan Pérez-Rubín Feigl), la apicultura (Concepción Ornosa Gallego) y esa curiosa costumbre que tuvo Escalera de construir sus propios folletos divulgativos sobre la vida de los insectos que a veces parecía confundirse con la suya propia (Santos Casado).

Cruzamos así el ecuador del libro y llegamos su principal puerto: las Expediciones y muestreos que son el motivo de la sección siguiente que comprende los capítulos 17 a 22. Los capítulos merecen una lectura detenida. El capítulo 17 está escrito con las amplias miras del humanista y se dedica a los viajes de Escalera por Anatolia, Siria e Irán. Su autor, Joaquín María Córdoba Zoilo parece a veces lamentarse de que Escalera no hubiese dedicado más atención a las ruinas, por haberse centrado tanto en los insectos, pero no debía ser tarea fácil la suya. La dureza de los viajes afectó fatalmente a Fernando, el hermano menor del naturalista, quien falleció a los pocos días de su regreso. El capítulo 18, dedicado a las expediciones entre 1905 y 1912 por el Noroeste de África, por Jorge Pina, describe meticulosamente la situación en Marruecos a primeros de siglo XX. En los capítulos 19 y 20, Isabel Izquierdo trata respectivamente de los viajes a El Muni y la Guinea Española (cap. 19) y de la Misión Científica en Canarias de 1921 (cap. 20). El capítulo 21, titulado Estudiando Insectos por España, del que son autores Carolina Martín Albaladejo, Israel Pérez Muñoz, Teresa Cuartero Arteta e Isabel Marcos Gilaranz, describe las colectas por la Península Ibérica y vuelve a destacar el talante de Escalera como taxónomo. Cierra la sección el capítulo 22, de Fernando Arroyo Rey, con la labor realizada para la localización geográfica de las localidades utilizadas para los muestreos de Escalera en los distintos países.

Las dos últimas secciones del libro se dedican al Patrimonio Científico de Martínez de la Escalera, con tres capítulos (23, Museo de Antropología de Madrid, por Francisco de Santos Moro; 24, Real Jardín Botánico, por Ramón Morales Valverde, Paloma Blanco Fernández de Caleya y Margarita Dueñas Carazo; 25, Museo de Ciencias Naturales de Barcelona, Eulàlia García Franquesa, Glòria Masó Ros y Francesc Uribe Porta) y en particular al Patrimonio en el Museo Nacional de Ciencias Naturales con cinco capítulos (26, Aves y Mamíferos, por Josefina Barreiro Rodríguez; 27, Anfibios y Reptiles por José Enrique González Fernández; 28, Peces, por José Dorda Dorda; 29, Artrópodos no-insectos y Moluscos, por Javier Sánchez Almazán, María Dolores Bragado Álvarez, Francisco Javier de Andrés Cobeta y Rafael Araújo Armero; 30 Insectos, por Mercedes París García, Amparo Blay Goicoechea, Mercedes Hitado Morales, Isabel Izquierdo Moya y Carolina Martín Albaladejo). Cierra la obra un estudio grafo-psicológico por Juan Allende del Campo.

Hay un cuento del autor romántico Adalbert von Chamisso titulado Peter Schlehmil (1815) cuyo contenido es desconcertante. El protagonista, Peter Schlehmil, es un naturalista que ha vendido su sombra al diablo. En la transacción comercial, obtiene a cambio una bolsa con dinero permanente que le permite recorrer el mundo. Hace años que me intriga por qué el protagonista había de ser un naturalista. Incluso hay quien afirma que el autor se inspiró en el propio Linneo para su personaje. Puestos a buscar explicaciones podríamos suponer que en la naturaleza todo lo vemos por la luz del sol, quien al imponer su ley, impone también las sombras como un tributo a ese orden natural. El naturalista, por ser él mismo intérprete de tal orden estaría colocado del lado del sol y exento de pagar esa tasa de sombra. Un pacto de índole harto peculiar lleva al naturalista a una situación especial en la cual, por una parte el sol siempre brilla (siempre hay monedas disponibles) pero, precisamente por encontrarse de su lado, del lado de quien impone el orden, tal orden no tendría un efecto sobre el protagonista. El naturalista puro es intérprete de la naturaleza, tiene poder otorgado para nombrar sus objetos, pero, a cambio, no hace sombra por hallarse del lado del sol.

Una curiosa imagen preside la portada del libro titulado "Al encuentro del Naturalista Manuel Martínez de la Escalera (1867-1949)". En ella, un escarabajo preparado como en una colección entomológica proyecta una gran sombra que se extiende a su derecha. En la imagen no es visible el sol pero en su parte superior está la firma del homenajeado, cuya M mayúscula describe una circunferencia.

Referencias

CERVANTES, EMILIO (ed). *El Naturalista en su Siglo. Homenaje a Mariano de la Paz Graells en el CC aniversario de su nacimiento.* "Ciencias de la Tierra" 29. Instituto de Estudios Riojanos. Logroño. 2009.

THOMPSON, WILLIAM R. *Introduction to Charles Darwin's The Origin of Species.* J. M. Dent & Sons, Everyman's Library, London and New York. 1956.

La máquina del tiempo de la doctora Carabias

Comentario del libro Salamanca y la Medida del Tiempo, de Ana María Carabias Torres. Prólogo de Manuel Carlos Palomeque. Colección VIII Centenario, número 4. Ediciones Universidad de Salamanca. Salamanca, 2012.

Juana Gutiérrez de Diego y Emilio Cervantes

Una frase oportunamente colocada en la página setenta del libro que vamos a comentar advierte que fue hacia mil novecientos setenta cuando tuvo lugar el fin de la modernidad. Otra en la página ciento cincuenta indica que su comienzo sería hacia 1515 (estaba asomando, dice literalmente). El ciclo de modernidad se extiende, por tanto, aproximadamente entre ambas fechas (1515 y 1970 con la aparición de la post-modernidad) e intentando precisar, en una de las escasas ocasiones en las que el libro permite mayor precisión, indicaremos, que la parte del ciclo que conocemos mejor, es decir la que corresponde a su época final, vino acompañada, poco a poco, de una pérdida de fe en el progreso. Es en medio de esa ausencia de fe en el progreso en que hoy vivimos cuando pueden surgir iniciativas que la renueven. Pero antes de explorar esta posibilidad veamos primero en qué consistió la fe en el progreso que se asociaba indisolublemente a la modernidad. Luego hablaremos un poco del tiempo, del libro, y finalmente, intentaremos indicar los medios para que, quien lo desee, pueda salir volando de nuevo a los tiempos de la modernidad.

La fe en el progreso en la que vivíamos quienes estudiamos el bachillerato en los años sesenta y setenta, como la autora de este libro y los del presente comentario, se asociaba con el desarrollo de la televisión, máquina de la que podría decirse que nadie, antes de verla funcionar, hubiese creído posible. Y sin embargo estaríamos equivocados puesto que al menos su inventor tuvo que creerla posible antes de verla funcionando. Imagínense la emoción. Lo imposible hecho no ya posible, sino real. La emoción, la capacidad de sorprenderse viene a coincidir con la capacidad del entorno para producir objetos sorprendentes y ambas se relacionan con la fe en el progreso y con la modernidad. ¿Cuántas máquinas imposibles quedan aún hoy por inventar? ¿Cuáles serán sus efectos? Si la televisión transmite imágenes a distancia, ¿Cuánto tardaremos en inventar un artilugio que transmita imágenes a través del tiempo? Seguramente tanto menos cuanto mayor sea nuestra fe en el progreso, ¿Será este el precursor de la máquina del tiempo, que permita transportar en el tiempo no imágenes, sino objetos o personas? Iremos viendo...

En aquel entonces, cuando la televisión era todavía esperanza incipiente y la idea de un progreso optimista anidaba cálidamente en corazones tiernos como los nuestros, entonces adolescentes, así como en otros a la sazón más maduros como los de algunos familiares, allegados y profesores...En aquellos tiempos, daban por la televisión programas asombrosos entre los que se encontraba El Túnel del Tiempo, uno de nuestros favoritos. Al comenzar el programa la pantalla se llenaba con una espiral a través de la cual dos individuos, sus protagonistas, precisamente científicos, eran proyectados a cualquier lugar en cualquier momento. A golpes aterrizaban en Yucatán, en el Titanic o en Sumatra.

Recordábamos este programa leyendo estos días el libro "Salamanca y la Medida del Tiempo" y como consecuencia de los mecanismos de la memoria tan asociados con esos procesos dinámicos temporales o epiciclos: El Túnel del Tiempo. Debe de ser porque la lectura deja traslucir a través de sus páginas el deseo todavía incumplido (por ahora) de la autora, de viajar a la Salamanca del siglo XV como única manera de comprobar sus descubrimientos. Sentarse un buen día a la mesa con Pedro Chacón y Juanelo Turriano para ver si efectivamente fueron como ella los piensa y que le hablen de su contribución a la historia, de los méritos que ella ha descubierto. Tanta es la dedicación que la doctora Carabias ha venido poniendo en sus trabajos, tan grande su tesón que ya la única manera posible de ampliar sus conocimientos parece ser la que empieza por realizar un viaje al lugar de los hechos: La Salamanca del siglo XVI, cuando muchos de sus personajes vinieron a participar en la reforma del Calendario Gregoriano y también, ya puestos, a esa misma, nuestra Salamanca, pero unos años antes, ya saben en el siglo XV, por ver como quien dice lo que entonces se estaba cocinando.

Veremos un poco más adelante cuáles son los medios instrumentales y la impedimenta que precisa la autora para semejante viaje, pero antes dejémonos caer entre las páginas de un libro que trata de la reforma gregoriana del calendario y de la decisiva influencia que en ella tuvo la Universidad de Salamanca en dos momentos precisos: 1515 y 1578. El primero, a instancias del papa León X (1475-1521) y del rey Fernando el Católico (1452-1516) y a propósito de los debates del Concilio de Letrán (1512-1517). El segundo, a petición de Gregorio XIII (1502-1585) y de Felipe II (1527-1598).

La culpa de todo la tienen los astros, puesto que si la tierra rotase puntualmente alrededor del sol de tal manera que viniese a completar su recorrido en exactamente 365 días entonces los años se repetirían uno tras otro con idéntico contenido. Las estaciones y las fechas de cada conmemoración religiosa vendrían a aterrizar automáticamente en el mismo día del año. Pero el ciclo completo viene a durar algo más de 365 días y ni un ciclo de la tierra alrededor del sol contiene un número exacto de ciclos alrededor de su eje, ni tampoco los ciclos lunares encajan exactamente con el ciclo solar. El calendario no es perfecto y es el interés humano de que los años se sucedan de la manera más constante y homogénea posible fuente de los problemas. Fijar la medida del año trópico era, en palabras de Juanelo Turriano, relojero del emperador, trabajo de Hércules (p. 25) o de Atlas (p. 210).

Anteriormente al Calendario Gregoriano se había impuesto en Occidente el calendario Juliano, que Julio César influido por Cleopatra, había tomado de los egipcios y que entró en vigor el 1° de enero del año 45 a.C. Es también un calendario solar y todavía se encuentra vigente en algunos pueblos. Pero antes de entrar en los diferentes tipos de calendarios que se explican en las páginas 134 y 135 sería necesario que nos ocupásemos un poco del material que los llena. Surge así un primer torbellino o epiciclo cuando, ya metiéndonos en harina, nos preguntamos qué es el tiempo y leemos en la p 47:

> *En este sentido decía también Arostegui, que el tiempo es una realidad mensurable, pero cuya mensurabilidad no podemos aquilatar con rigor. En cuanto constitutivo de la estructura social, el tiempo es plural encontrando: El tiempo físico, astronómico, social y otro histórico.*

Ciertamente puede que el tiempo sea plural y que todos los tiempos sean uno, pero, entre ellos, algunos son dudosos como por ejemplo el tiempo físico de Newton. Imposible concebir un tiempo abstracto, absoluto, verdadero y matemático, que corra uniforme sin referencia a nada externo, vacío de contenido vital. Sin los astros no hay tiempo. Más sentido que el tiempo de Newton tiene el tiempo de Unamuno:

Nocturno el río de las horas fluye desde su manantial que es el mañana eterno...

El libro es denso y rico en contenidos y muestra cómo fue la contribución de la Universidad de Salamanca al Calendario Gregoriano y quién participó en ella. En el informe de 1515 (1.4.2 en p. 149) participaron activamente Juan de Ortega y Juan de Oria, entre otros profesores. En el de 1578 (1.4.3 en p. 183) los comisionados fueron Diego de Vera, Cosme de Medina, Fray Luis de León, fray Bartolomé de Medina y fray Domingo Báñez, quienes remiten insistentemente al informe previo de 1515. Las últimas páginas del libro contienen la reproducción facsimilar del informe de 1578 y algunas páginas antes (pp. 260-318) se encuentra la transcripción y traducción del documento original (Manuscrito 97 de la Biblioteca General Histórica de la Universidad de Salamanca). Las conclusiones en las páginas 235 a 237, resumen los descubrimientos del trabajo que el lector deberá interpretar por sí mismo después de haber leído el libro. En cuanto a la contribución de la Universidad de Salamanca al Calendario Gregoriano, destacar una frase que puede tomarse como punto de partida en este periplo:

Nadie parece haberse dado verdadera cuenta en España de que incluso el nacimiento del heliocentrismo copernicano fue una consecuencia de los estudios sobre la reforma del calendario.

Ciertamente, nadie parece haberse dado cuenta ni en España ni fuera de España. La frase parece referirse a otro mundo distinto del de Alfred North Whitehead cuando al principio de su libro (*Science and the Modern World*; Cambridge, 1953, p. 7) dice:

In the year 1500 Europe knew less than Archimedes who died in the year 212 BC.

(En el año 1500 Europa sabía menos que Arquímedes, que había muerto en el año 212 antes de Cristo).

A partir de ahí el lector irá descubriendo un mundo distinto del de Whitehead, distinto del que nos han contado y más lleno, de personajes, de conocimientos, también de intrigas. Mientras el lector descubre este mundo nuevo, la autora del libro deberá seguir adelante con sus investigaciones. Para ello y siendo nuestro deseo que la doctora Carabias de cumplido remate a sus trabajos y siga disfrutando con su dedicación a la historia de los Colegios Mayores y de la Universidad de Salamanca en los siglos quince y dieciséis, y para ayudar en la medida de lo posible a que su deseado viaje tenga lugar y todo suceda con la mayor eficacia y el mayor aprovechamiento, indicaremos tres cosas necesarias para llevarlo a cabo. De ellas, la primera es una combinación de cualidades psicológicas de las cuales dispone entera- y sobradamente (esfuerzo y tesón, es decir, voluntad; y honestidad), faltándole tan solo asegurarse que pueda completar las dos siguientes para que el viaje sea llevado a feliz término. La voluntad queda demostrada en el esmero y dedicación minuciosa con que está escrito el libro. La honestidad en momentos como:

> *Yo he leído esto en una de las visitas realizadas al Colegio trilingüe, pero lamento no recordar ahora en cuál.* (p. 96)
>
> *Para valorar adecuadamente esta importancia habría que conocer lo que se escribió antes de implantarse la imprenta (mucho presumiblemente perdido) y habría que ponerlo todo en relación con los conocimientos en otros lugares y en otras circunstancias. Haré lo que pueda y sepa.* (p. 125)

> *No es fácil encontrar a un investigador actual diestro simultáneamente en tantas materias y cronologías; al menos yo no lo soy.* (p. 242)

Pronto ha quedado resuelta esta primera parte del equipaje y podemos pasar así al segundo implemento. Se trata ahora de la máquina o ingenio en la cual el viajero deberá introducirse para que su viaje se efectúe, no como habitualmente viene ocurriendo, es decir entre dos puntos situados en diferentes coordenadas geográficas sino en un mismo punto cambiando las coordenadas temporales. Podríamos adelantar, por haberlo visto en aquel programa de televisión antes mencionado, que tal máquina o ingenio tiene forma de- , o al menos se comporta proyectando al viajero en el interior de una forma de- espiral. Llamaremos por lo tanto a este segundo implemento o requisito, la espiral. Pero antes de considerar la manera en la cual el viajero puede introducirse en la espiral hablaremos algo, poco ya, acerca de una parte muy importante del libro: aquella que se refiere a las bibliotecas, pues son las bibliotecas lugares desde los cuales la espiral puede activarse con mayor facilidad. Para ello uno ha de buscar con cierta actitud impetuosa, con la intención de leer más allá de lo escrito en los libros. Como hace la autora (p. 158):

> *No sé quién es, pero indudablemente éste es el personaje que asumió dicho cometido. Quiero advertir que tengo ésta lejana pista gracias a que Beltrán de Heredia acostumbraba a hacer anotaciones manuscritas en los márgenes de los libros de su propiedad, tanto de los que él mismo había publicado como de otros que usaba, siendo por esta causa de interés para el investigador actual la consulta de estas obras que se conservan en la Biblioteca del convento de San Esteban de Salamanca.*

Es así, buscando y leyendo en las anotaciones al margen, en notas que puedan surgir entre páginas; fijándose bien en qué otros historiadores han consultado los manuscritos previamente; es decir, mirando todo tipo de detalles; es así como se activa la espiral. Mirando bien la firma de Andrés de Guadalajara, secretario de la comisión del segundo informe, en la primera página del facsímil (repetida en la página 220), se aprecia ya dicha espiral como invitando a la autora al viaje que es seguro podrá realizar cuando cumpla los tres requisitos.

Queda finalmente por discutir la tercera parte del equipaje que necesitará la doctora Carabias para realizar su viaje en el tiempo. Es ésta la más fácil y frecuente, al menos en apariencia. Pero ya se sabe que las apariencias engañan y por eso muchas cosas que parecían imposibles vinieron a ser luego, no posibles sino más aún, ciertas. Empero es este atributo habitual del que se suele disponer con facilidad, algo bien asequible, aunque en el caso de nuestra autora no es así puesto que lamentablemente carece de él en absoluto. No tiene ni un ápice. Cuando consiga, al menos una parte, es seguro que no habrá impedimento y que su ansiado viaje a la Salamanca del Renacimiento podrá llevarse a cabo sin inconveniente. Más para ello, la doctora Carabias, que tiene sobradas condiciones psicológicas de voluntad y honestidad, que puede tener acceso a una máquina del tiempo en forma de espiral, necesita disponer también de un poco de... Si. De tiempo que es el tercer requisito. Común pero también indispensable. Algo perfectamente imposible, o posible, según se mire.

Referencias

CARABIAS TORRES, ANA MARÍA. *Salamanca y la Medida del Tiempo*. Ediciones Universidad de Salamanca. 2012.

WHITEHEAD, ALFRED NORTH. *Science and the Modern World*. Cambridge University Press. Cambridge, UK. 1953.

Jardinero del lenguaje

Comentario del libro *Expressions and Interpretations*, de Jon Hellevig. My Universities Press. Moscú, 2006.

En las páginas finales del manuscrito que sirve de pretexto para la obra "El nombre de la Rosa", Adso de Melk, su autor-protagonista y alter ego del autor real de la novela se preguntaba si en su escrito habría algo de utilidad para el lector; alguna clave que a él mismo hubiese podido pasar desapercibida. La pregunta es retórica puesto que su autor sabe bien que, cuando un libro está escrito sobre una base sólida, sus significados se multiplican con el tiempo.

El Nombre de la Rosa, un gran éxito de ventas del lingüista Umberto Eco, relata una serie de aventuras en un monasterio medieval. Se supone que el monasterio contiene una de las mejores bibliotecas de la época que, al final, desaparece consumida en un incendio precedido de una serie de intrigas y crímenes que habrían tenido lugar a finales del año 1327, cuando el poder del Papa instalado en Avignon y asociado a los dominicos, se enfrenta al poder de Luis, rey de Baviera. Uno de sus temas centrales consiste en la defensa de la orden de los franciscanos y su principio de aceptación de la pobreza en imitación de Cristo. Guillermo de Baskerville, el sagaz protagonista es un franciscano amigo de Guillermo de Ockham. En algún momento se lee en la novela que el poder eclesiástico no tiene interés en defender la pobreza como valor puesto que esto traería como consecuencia indeseada que el pueblo rechazaría a los clérigos ricos. Éste que, como digo, es tema central e ineludible, pronto es sofocado para dar paso al segundo.

Otro tema importante y relacionado con el primero consiste en la gestión de la información. La magnífica biblioteca encierra un ejemplar único de un tratado de Aristóteles sobre la risa. Algunos monjes lo guardan celosamente. En particular Jorge de Burgos, quien por ser venerable anciano y ciego y hallarse vinculado a una biblioteca-laberinto, recuerda a Jorge Luis Borges. Aquel Jorge de ficción, el de Burgos, es contrario a la risa y piensa que la difusión del manuscrito sería peligrosísima puesto que llevaría a que el pueblo se tomase el conocimiento como motivo de risa. Por lo tanto, ambos temas principales, la pobreza como virtud y el control de la biblioteca se relacionan entre sí y giran en torno a un eje central: la gestión del conocimiento. Aunque algunos aspectos dan un tinte superficial a la novela, en ningún caso ocultan que está edificada sobre un fondo teórico importante. Quien tiene en su poder un tratado y desea ocultarlo bien podría hacerlo desaparecer en secreto, con lo cual se habrían evitado males mayores, en este caso crímenes y la ruina de la biblioteca y el convento. Pero las novelas parten de la combinación de elementos reales e imaginarios y los segundos tienden más a la exageración.

Que la gestión de la cultura y el saber, que el conocimiento en la Edad Media estuvo en manos de los religiosos es algo que deja poco lugar a dudas. Tampoco deja lugar a dudas que quien tiene en sus manos el conocimiento, acumula poder y lo utiliza en servicio de sus intereses que a menudo van más allá de la propia cultura. Quien tiene poder hace lo posible por mantenerlo y esto incluye modelar el conocimiento a su gusto y dirigir su transmisión. Comprobamos esto tanto en la novela de Eco como sentándonos frente al televisor o leyendo la prensa a diario. No en vano, en su novela 1984, indicaba Orwell:

> *Who controls the past controls the future: who controls the present controls the past.*

Ahora bien, lo que no sabemos todavía plenamente es hasta dónde puede llegar esta situación y en qué medida será irreversible; es decir, si vamos hacia el punto en el que el poder generará un conocimiento que sólo servirá para mantenerse y perpetuarse a sí mismo, ahogando toda posible alternativa.

Por ello todo intento de poner de manifiesto las intenciones de controlar y de manipular el conocimiento será bienvenido. No importa si los resultados son exagerados, estrepitosos o nos producen risa porque ocurre que las relaciones entre el conocimiento y la risa pueden ser muy complicadas. En muchos casos históricos, conceptos o teorías que comenzaron provocando carcajadas estrepitosas terminaron admitiéndose con gran seriedad y viceversa, también es posible que muchas de las teorías que son tomadas con gran seriedad acaben provocando risas un día no muy lejano. En definitiva, quien ríe el último ríe mejor, pero en cualquier caso la risa no es permanente y ha de tener sus pausas porque no sólo de risa vive el hombre. El conocimiento sobre el mundo y la risa comparten el mismo ámbito: el del lenguaje. Con o sin risa, se trata de cuidarlo. Por eso algunos filósofos se han definido como jardineros del lenguaje.

La Ciencia nos informa acerca de cómo es el Mundo y nuestras relaciones con los seres que lo habitan. Pero la ciencia cambia y con ella sus argumentos y explicaciones. Hoy están en decadencia explicaciones del tipo astrológico que eran habituales en tiempos pasados. Por ejemplo se tendía a explicar el comportamiento basándose en la posición de los astros en el momento del nacimiento y así podría ocurrir que dos personas por el hecho de haber nacido en el mismo día compartiesen determinados aspectos psicológicos. Un planteamiento que, mediante las explicaciones en vigor hoy en día, de índole principalmente genético, ni siquiera existe o incluso puede ser motivo de risa. Pero hoy como ayer, estamos sometidos en el mundo a relaciones desconocidas y aunque descubrirlas es la función de la ciencia, a veces la risa se le adelanta.

Pasado un periodo de especialización extremada, la Ciencia moderna necesita ser holística, globalizante. Los tiempos de la especialización ya han quedado atrás dejando abundantes ejemplos de su inoperancia: libros y revistas conteniendo artículos súper-especializados que no interesan más que a sus propios autores y ponen de manifiesto una preocupante lejanía entre las ocupaciones del científico y las preocupaciones reales de sus contemporáneos.

Jon Hellevig es finlandés. Tras unos años de experiencia como abogado en Rusia, y escribir algunos libros sobre leyes, decidió hace ya unos años escribir sobre materias más amplias, digamos Filosofía. Sobre el conocimiento en general y en particular el uso del lenguaje y su manipulación con fines de adoctrinamiento. Su aproximación a la ciencia no es la de un profesional especializado lo cual permite una visión amplia, abierta del panorama científico. En el libro titulado *Expressions and Interpretations (Our perceptions in competition. A Russian case)*, propone una visión holística del conocimiento. En una de sus páginas se lee:

> *The yearning for rigid rules, frames, boundaries, is the positivist fallacy connected with collective aspect-blindness*
>
> (El anhelo de reglas rígidas, marcos, fronteras, es la falacia positivista conectada con la ceguera para los aspectos colectivos)

Además de esta aproximación global, otras dos son las características principales del libro: Una destacada importancia al lenguaje y el énfasis en las emociones como aspectos centrales en la elaboración de las interpretaciones y por tanto del conocimiento.

Por razones que un astrólogo medieval podría explicar mejor que un moderno psicólogo, además de coincidir con Jon Hellevig en varios aspecto puntuales, coincido en estos tres puntos fundamentales de su obra: Aproximación global (holística), interés por el lenguaje y énfasis en el sentimiento y en la emoción. De ellas, es la tercera la más desconcertante y su análisis más complicado. Aunque, a veces, aquello que nos resulta difícil de entender puede ofrecer aspectos de una claridad meridiana.

Hace ya tiempo que al leer busco en cada libro la huella de su autor, su expresión personal que mueva a mi propia emoción a implicarse en la lectura. En este libro la huella no tarda en aparecer. En la página 37, en el capítulo segundo titulado *Philosophical Introduction*, un subcapítulo se titula *Where I come from*. En él explica el autor sus motivos personales para escribir el libro. Se lee:

> *I bumped in to philosophical investigations quite accidentally. I entered philosophy as the result of having to uncover one and another piece of plain nonsense that my research in law had led me to see. I was shocked and amused by "the bumps that the understanding had got by running its head against the limits of language"*

(Me encontré metido en las investigaciones filosóficas de manera bastante accidental. Entré en la filosofía como el resultado de tener que descubrir alguna que otra tontería evidente que mi investigación en derecho me había llevado a ver. Me encontré

> sorprendido y divertido por "los golpes que el entendimiento recibe al dirigirse de cabeza contra los límites del lenguaje")

(La frase entrecomillada en el párrafo precedente es de Wittgenstein: Los coscorrones del entendimiento al golpear su cabeza contra los límites del lenguaje).

> *I came to see that, in fact, this kind of anthropomorphic treatment of law is internationally the standard...*
>
> (Llegué a ver que, de hecho, este tipo de tratamiento antropomórfico de la ley es la norma internacional ...)

Y también :

> *I claim that when we strip philosophy and social sciences of the layers of illegitimate questions, and the masks of concepts, then there is nothing left but pragmatism, a scientific pragmatism, which really is the new paradigm.*
>
> (Afirmo que cuando despojamos a la filosofía y las ciencias sociales de las capas de preguntas ilegítimas, y las máscaras de los conceptos, entonces solo queda el pragmatismo, un pragmatismo científico, que es realmente el nuevo paradigma.)

El autor se propone así la loable tarea de limpiar la Filosofía de conceptos ilegítimos. En Biología hay también algunos. Tras la poda, lo que queda es un pragmatismo científico, nos dice; un nuevo paradigma que consiste en distinguir para cada lenguaje la paja del grano, lo útil de lo inútil, ambiguo y confuso.

Es útil concebir la obra del filósofo y del científico crítico como una obra de jardinería del lenguaje, como limpieza y poda de un jardín que, sin lugar a dudas está ya demasiado poblado. No obstante, como en toda poda, la dificultad estriba en saber por dónde cortar, qué elementos conservar y cuáles descartar y el riesgo puede consistir tanto en que la poda sea excesiva como en que, por temor a ello, se quede corta. Sólo la lectura del libro nos dirá en este caso la calidad de la poda. Sea como sea, se habrán abierto nuevas vías para la discusión. La idea procede directamente de Ludwig Wittgenstein quien en su obra *Culture* escribe la siguiente frase que Hellevig cita en la página 60 del libro:

> *Doing philosophy we should be like the gardeners of language, engaged in directing language to a healthy practice and sometimes pulling out the weed by the roots. But, in practice the philosophers are the ones that, like Hegel, are sowing the weed that take over reality and infect the healthy mind. "Philosophers use a language that is already deformed as tough by shoes that are too tight".*

> (Al hacer filosofía debería uno ser como un jardinero de la lengua, dirigiendo al lenguaje hacia una práctica saludable y, a veces arrancando malas hierbas de raíz. Pero, en la práctica, los filósofos son los que, como Hegel, siembran la mala hierba que se hace cargo de la realidad e infecta a la mente sana "Los filósofos utilizan un lenguaje que ya está deformado como unos zapatos que fuesen demasiado apretados.")

En Biología existe un ejemplo muy bueno de la tarea descrita de sembrar la mala hierba tomando el control de la realidad e infectando la mente sana: La idea de selección natural.

El libro está dividido en una introducción y veintisiete capítulos de temática y contenido variados que son:

Introduction. With a brief and Mottos and Quotes

1. *Expressions and Interpretations.*
2. *Philosophical introduction.*
3. *Philosophy and language.*
4. *Truth and facts*
5. *Meaning and Concepts*
6. *The thing:*
7. *Perceptions and perspectives*
8. *Interpretation*
9. *Arguments*
10. *Competition*
11. *Infinite Variances*
12. *Social Sciences versus Natural Sciences*
13. *Empiricism*
14. *A critique of pure nonsense*
15. *Logic and Reasoning*
16. *Mathematics*
17. *Moral*
18. *What Law is*
19. *Legal Practices*
20. *Norms and Rules*
21. *Competitive Justice*
22. *Marx*
23. *Russian Law*
24. *The European Union*
25. *Final Words*

26. *Appendix- Damasio social homeostasis*
27. *Summary.*

Aunque algunas de sus ideas principales se establecen ya en la introducción, los primeros capítulos son importantes para entender el resto del libro. Ponen énfasis en el hecho de que la lengua trata expresiones e interpretaciones y que estos tienen sus orígenes en sentimientos. Tal punto de vista se extiende a lo largo del libro, y será utilizado como tijera de podar con generosidad a veces excesiva. Por ejemplo, la crítica de Kant empieza pronto en el primer capítulo (p. 21) y continúa a lo largo del texto acentuándose en el capítulo 14 titulado *A critique of pure nonsense*. Puede, en algunos párrafos llegar a ser excesiva, pero, en cualquier caso, servirá para marcar los puntos donde tendría que intervenir una defensa. De modo parecido, se pone demasiado énfasis sobre las diferencias entre cosas y expresiones (ver por ejemplo p 17). Tal diferencia no es tan clara, las expresiones existen.

Las motivaciones personales se explican en el sub-capítulo titulado *Where I come from* (p 35), incluido en el segundo capítulo titulado *Philosophical introduction*.

El tercer capítulo, *Philosophy and language* se dedica a las relaciones entre ambos campos: por ejemplo en la página 49:

All philosophical problems are caused by linguistic confusion.

Y ciertamente ocurre así en Biología.

Quizás de manera un poco ingenua:

> *Language in the service of the good is weaker than we can imagine, but in purposeful seductive use it is a strong tool in service of the evil.*

> (El uso del lenguaje en servicio del bien es más débil de lo que podemos imaginar, pero con un fin seductor intencionado es una herramienta importante al servicio del mal.)

O también más atrevida (p 52):

> *Language is bent and twisted to suit particular theories*

> (El lenguaje se dobla y retuerce para adecuarse a teorías particulares)

Para concluir con la frase-clave (p. 60):

> *Doing Philosophy we should be like the gardeners of language.*

Los siguientes capítulos contienen una crítica de algunos aspectos de filosofía, en particular Kant, Durkheim y Hegel. La crítica se dirige a la confusión creada por estos autores por no distinguir entre aspectos del lenguaje (sentimientos, expresiones) y objetos del mundo real dando a los primeros el valor de los segundos. Un problema que se habría dado igualmente en el campo de la filosofía del derecho (*Law is not a thing*, Posner). Distingue el autor (p. 87) entre cosas concretas y expresiones abstractas, pero puede que tal distinción no nos lleve tan lejos puesto que ya menciona (p. 96) una frase importante de Witgenstein:

> *At the foundation of well founded beliefs lie beliefs that are not founded at all.*

(En el fundamento de las creencias bien fundamentadas hay creencias que no están en absoluto fundamentadas.)

Ocurre como si, a medida que el jardinero poda su jardín, fueran creciendo más y más yerbas a su alrededor; de manera que cuanto más poda, más crece la vegetación, porque está claro que *At no point do we reach a final meaning* (p. 115).

El empeño por distinguir Ciencias Sociales de Ciencias Naturales, expresado en particular en el capítulo 12, es consecuencia del énfasis puesto en la distinción entre objetos (cosas) y expresiones e interpretaciones. Pero tal distinción no es tan clara. Las ciencias naturales emplean a menudo expresiones e interpretaciones y las sociales, cosas. De tomarse en serio tal distinción sería imposible seguir adelante con el análisis holístico propuesto en el libro en el que necesariamente se unen aproximaciones puramente experimentales (neurobiología) con otras procedentes de las ciencias sociales.

El autor se muestra partidario del empirismo británico (Locke, Hume) y también tiene algún comentario favorable del texto de Adam Smith "La riqueza de las naciones". Por el contrario, ignora aspectos cruciales de la obra de grandes filósofos como por ejemplo Kierkegaard y Unamuno. Así en el capítulo titulado "Moral" donde dice:

> *The seeing of moral as the mode of relating has not even entered philosophical thinking at all, therefore all the talk of moral that occur in philosophy, and indeed in everyday language is in fact talk about macromorals, i.e. about analyzing different types of generally held macromoral convictions.*

(La visión de la moral como la manera de relacionarse ni siquiera ha entrado en el pensamiento filosófico, por lo tanto todo lo que se hable de moral en la filosofía, y en el lenguaje cotidiano es, de hecho, hablar de macro-moral, es decir, sobre el análisis de los diferentes tipos de convicciones macro-morales generalizadas.)

A partir del capítulo 18, titulado *What law is*, el libro entra en los terrenos legales propios de la experiencia del autor (p. 220: *The essence of law is to produce justice*). Ahí menciona otras de las cuestiones que están en su base:

> *Zweigert & Kotz say that if there is a "sick science" today, then it is the legal science and that comparative law shows the emptiness of legal dogmatism (p 33). This sorry state of legal science is something that made me look for an alternative to the prevailing ideas, and that eventually led me to realize that legal theory is the perfect playground for testing Wittgenstein's philosophy in practice.* (p 227)

(Zweigert y Kotz dicen que si hay una "ciencia enferma" hoy en día, esa es la ciencia jurídica y que la ley comparativa muestra el vacío del dogmatismo jurídico (p 33). Este lamentable estado de la ciencia jurídica es algo que me hizo buscar una alternativa a las ideas prevalecientes, y que con el tiempo me llevó a darme cuenta de que la teoría del derecho es el escenario perfecto para el ensayo de la filosofía de Wittgenstein en la práctica.)

> *One of the fundamental notions to master in order to open up the eyes, the mind to seeing what law is actually about, is the understanding that all social reality is dependent on how we look at life: the perceptions, aspects, perspectives. And that there is no hard core to reality.* (p 240)

> (Uno de los conceptos fundamentales que hay que dominar con el fin de abrir los ojos, la mente para ver de qué trata hoy en día la legislación, es el entendimiento es que toda la realidad social depende de la forma en que miramos la vida: las percepciones, aspectos, y perspectivas. Que no hay un núcleo duro de la realidad.)

Otros aspectos fundamentales se encuentran en el capítulo 21 titulado *Competitive Justice*:

> *Every day, everywhere people have an obligation to fight for individual justice (this is the "duty", the new categorical imperative). Life is beyond law, the highest value of justice, and can never be expropriated...* (p 259)

> (Cada día, la gente en todas partes, tiene la obligación de luchar por la justicia individual (Este es el "deber", el nuevo imperativo categórico). La vida está más allá de la ley, el valor más alto de la justicia, y nunca puede ser expropiada ...)

> *Understanding the real nature of law is a constituent part of honesty; honesty in turn is the fundament for making anything right...* (p 262)

> (Entender la naturaleza real de la ley es una parte constituyente de la honestidad; la honestidad por su parte es el fundamento para hacer las cosas bien...)

> *It is most telling that legal literature rarely deals with the topic of justice itself...* (p 270)

> (Es muy significativo que la literatura legal rara vez se ocupa del tópico de la justicia en sí...)

Y también en la crítica a Marx, el análisis de la situación legal en Rusia y de la Unión Europea y la crítica de Damasio.

En su conclusión el libro regresa a Wittgenstein:

> *The difficulty- I might say- isn't one of finding the solution; it is one of recognizing something as the solution. We have already said everything. Not something that follows from this; no, just this is the solution!*
>
> *This, I believe, hangs together with our wrongly expecting an explanation; whereas a description is the solution of the difficulty, if we give it the right place in our considerations. If we dwell upon it and do not try to get beyond it."* (p 314)

(La dificultad -puedo decirlo- no consiste en encontrar la solución; sino más bien en reconocer algo como una solución. Ya se ha dicho todo. Nada hay que sacar en consecuencia; no, esta es la solución.

Esto, creo yo, se mantiene unido con nuestra errónea espera de una explicación; mientras que una descripción es la solución a la dificultad, si le damos el lugar correcto en nuestras consideraciones. Si nos detenemos en ella y no tratamos de ir más allá de ella.)

Párrafos de Wittgenstein (Remarks Mathematics, p 102) que recuerdan algo a la enigmática frase del final del Nombre de la Rosa:

Stat rosa prístina nomine, nomina nuda tenemus.

Referencias

Eco, Umberto. El nombre de la rosa. Editorial Lumen 1980.

Hellevig, Jon. Expressions and Interpretations. My Universities Press. Moscow. 2006

www.ingramcontent.com/pod-product-compliance
Lightning Source LLC
Chambersburg PA
CBHW070133210526
45170CB00013B/865